你和人间都值得

杨红 著

中国水利水电出版社
www.waterpub.com.cn
·北京·

内 容 提 要

懵懂与迷茫，无知与轻狂，是年轻人一时的表象，其实他们一直都在努力、认真地生活。别再说什么人间不值得，认真生活本身就是一场自我救赎。本书对年轻人的生活现状进行了陈述与剖析，时而戳破人性，时而温暖人心，以让他们有所感悟，活出热情奔放的模样。

图书在版编目（ＣＩＰ）数据

你和人间都值得 / 杨红著. -- 北京 ： 中国水利水电出版社，2020.12（2021.11 重印）
ISBN 978-7-5170-9020-5

Ⅰ．①你… Ⅱ．①杨… Ⅲ．①成功心理－通俗读物 Ⅳ．①B848.4-49

中国版本图书馆CIP数据核字(2020)第239823号

书　　名	**你和人间都值得** NI HE RENJIAN DOU ZHIDE
作　　者	杨红 著
出版发行	中国水利水电出版社 （北京市海淀区玉渊潭南路1号D座　100038） 网址：www.waterpub.com.cn E-mail：sales@waterpub.com.cn 电话：（010）68367658（营销中心）
经　　售	北京科水图书销售中心（零售） 电话：（010）88383994、63202643、68545874 全国各地新华书店和相关出版物销售网点
排　　版	北京水利万物传媒有限公司
印　　刷	河北文扬印刷有限公司
规　　格	146mm×210mm　32开本　7印张　163千字
版　　次	2020年12月第1版　2021年11月第2次印刷
定　　价	46.00元

Contents

目录

第一章 01

愿有勇气去热爱

●
●

第二章 02

生命的每一天都是奇遇

第三章 03

在对的时间遇见对的人

· ·
·

第四章 04

世间美好与你环环相扣

第五章 05

这辈子活得酣畅淋漓

第一章

愿有
勇气
去热爱

认真对待自己的人，活得都不差

01

春节去青岛，途中认识了一位新朋友，叫蓝墨。因为都是赶在春节假期出去玩，所以我们就一路结伴而行。

这一年是蓝墨的"间隔年"。

之前，蓝墨一直在三线城市当化学老师，为了到大城市圆梦，她毅然决然地选择了辞职，做了"北漂"，为此，她的妈妈近半年都没理她。

她和很多年轻人一样，满怀热情地来到了陌生的城市，这里是她梦想的起点，最初一切都让她感到新奇。然而追梦的旅程并不如她想象中那么顺利，她一开始的几份工作是在饭店做服务员、发传单、帮别人摆地摊、做群演、卖啤酒……只要能挣钱，她什么活都干，真的吃了不少苦。

　　她租的地下室里没有电视，没有电脑，她唯一的娱乐活动就是看书，一看就是几个小时。看书已经成为她一天里最大的慰藉。三年过去了，蓝墨开始做起了保险业务员，从发传单开始做起，她每天拖着疲惫的身躯到处去推销，遭尽了白眼。说到这些，蓝墨的眼圈有些泛红。

　　虽然很累，但她每个月拿到的工资是与自己的努力成正比的，签的单越多，拿的提成越多。

　　这个时候，我问她："你后悔过吗？放弃了稳定，活得这么累？你真心喜欢这样的生活吗，不觉得孤独吗？"

　　她想了想，说："那是我的选择。我就是这样一个人，觉得人活着啊，总是要亲自体验一些事，无论好坏，都是我主动选择的，这种可以自由选择的人生才是我想要的。我不甘心一辈子就这样被安排，于是离开了父母的庇护，至今漂泊异乡。我喜欢敢于不断尝试新事物的我。虽然有点穷，但我正在体验着未知的生活，这才是最酷的。"

02

　　蓝墨凭着自己的努力，渐渐地积累了自己的客户，她的销售业绩每个月都是第一。公司给她转正，又给她升了职，她终于不用忍受风吹日晒了。日子比以前过得舒坦多了。

在她事业蒸蒸日上的时候，她却选择了辞职，说是要给自己一个"间隔年"，身边的很多朋友劝她："日子好不容易稳定了，就别再折腾了。"

我也很疑惑："在底层吃了这么多年的苦，终于在向往的城市站住了脚，怎么就辞职了？"

蓝墨说："现在生活压力很大，早起晚归，在高楼里吃着盒饭，眼里都是数据，蔚蓝的天空都没有时间好好看，总之，有着各种不快乐。我真的不喜欢这种生活。"

"这就是你选择'间隔年'的原因？你可以休假啊，出去玩几天，回来再战，很多人都是这么减压的！"

"断了自己的后路，这样我才能去拼尽全力地思考我的价值和精神归宿。以前我向往灯红酒绿，现在又向往青山绿水、大漠孤烟。我用文字和照片记录我的感悟，我才觉得没有白来这人间一趟。我喜欢这样的我，这才是真实的我！"蓝墨看着窗外，淡淡地说。

我想起了动画片《疯狂动物城》里，兔朱迪的爸爸妈妈特别害怕她出去闯荡，希望她过安稳的生活。他们对兔朱迪说："你看我们现在过得这么幸福安稳，这是我们放弃了梦想的结果。"

兔朱迪的父母像大多数父母一样，知足常乐，同时希望子女也这样生活，"不尝试新的事物，就绝不会失败"。

兔朱迪没有听父母的话，怀着无限的憧憬来到动物城任职，然而，动物城里的小伙伴们并没有把"可爱"的兔朱迪放在眼里。局长的刁难，"老江湖"狐狸尼克的欺骗，开罚单不被市民理解，好不容易抓个贼，却还被以擅离职守引发公众恐慌为由，受到了顶头上司批评，甚至差点丢掉工作。

但是，这些挫折并未打倒她，她反而更加用心地工作，用一次次的行动去证明自己。

就像蓝墨，刚"北漂"时，是那么忠于梦想，面对种种困难与艰辛，她始终保持内心的纯净。工作再累，生活再艰苦，她也没放弃读书，丰富自己。

困难和苦累并没有让她退却一分。

涉世越深，蓝墨越审视自己的选择。面对越来越大的压力，越来越激烈的社会竞争，她没有向安逸妥协，而是做出了忠于内心的选择。

03

我曾经在报纸上看到这样一段话："没有一次经历会白费，没有一声叹息不留下回响。即便走遍千山万水，也要保持能力重回故乡。"

我们多久没有独立思考、关心自己的感受和想法了？我们多久没有取悦一下自己了，哪怕去休一个假?

当我真正开始爱自己，我才认识到，所有痛苦的折磨，都只是提醒我：活着，不要违背自己的本心。

爱自己，无论这个世界流行什么，我依然只唱我喜欢的歌。

你很热爱生活，别再不承认了

01

前几天聚会的时候，听到有人在感慨：人活着真是太累了，担心这个忧虑那个。今天害怕一件事没做好，给老板留下坏印象；明天害怕约会迟到了，得罪了男友；最可怕的是，每天早晨醒来，明显发现自己又老了一点，可钱包和职位都在反驳说，你还是刚毕业的那个小毛头。

我们一群人感同身受地点着头，只有吕姑娘蹦出来一句极富禅意的话："人的一切挣扎都是虚空的，最终不过是给本来无意义的人生强行添加了一些色彩罢了，有什么好追求又有什么好恐惧的，真是无聊。"

她说完，全桌都陷入了寂静，好像都在为自己无意义的人生默哀。直到她扬了扬手中的筷子，将沉默打破："哎，菜都凉了，还不赶快吃？我可不陪你们沉思了，吃完还要跟男朋友去逛街呢。"

大家像是得到了特赦一样纷纷动筷，吕姑娘却高冷地坐在一边，露出一脸看破红尘的表情，用如同圣人般的眼光看着我们，带着一点悲悯和不屑。

那一刻，我觉得那些所谓的至理名言都是巨大的谎言，明明宣称温暖治愈的话语，却往往让人越看越心凉。比如"人生是无意义的""自己是完美的、应该被接受的""周遭的一切都是无关紧要的""一切都会过去的，你想要的时间都会给你"。

按照这样的思维来推断，你所追求的爱、金钱、财富、认同、理解、欢愉、婚姻、信仰等一切，不过是为了填满自己的孤独而已。它们本身不具备任何意义，所以你本来不用那么努力地活着。你别挣扎了，你就是最好的自己。

这些话给你明明还火热的心，泼上一杯冰水，呲呲作响后，将你变成不再挣扎的稻草人。

02

我曾经无比痛恨自己的纠结、懦弱和胆小，痛恨那个生怕冒犯了朋友，得罪了师长、老板，说话之前要在脑子里过三遍的自己，那个住在酒店宁可戴着眼罩也要灯全打开的自己，那个不够潇洒、不够淡定的自己。于是，有一段时间痛饮心灵鸡汤，就在好不容易说服自己克服一切恐惧和纠结的当口，忽然模模糊糊地想起，如果我真的什么都不再恐惧，什么都不在乎，也不会被别人在乎，那我这一生到底是为了什么？

我怀念那个在漆黑的夜晚一边抱紧胳膊赶路、一边被自己吓得要死的自己，那种恐惧的感觉是如此真实。每一阵吹来的冷风，每一丝紫藤花的香味和每一个凸起的鸡皮疙瘩都在提醒我：我是这个世界上活生生的一分子，我不够勇敢也不够潇洒，却努力地活着。

那种踏实的存在感，足以秒杀一切自欺欺人的心理安慰。

我们来世上走一遭，即便只是为了打一次酱油，也要装满一瓶，顺便看看路边的风景。

因为担心失去朋友而用心去维护那丝丝缕缕的默契，因为担心失业而尽力完成自己的每一项任务，因为害怕遇不到更好的人而尽力让自己变得比昨天优秀一点点，因为害怕失去所爱而慢慢学会去爱，因为知道自己总有一天会死而在有限的时光里让每一天都更加有趣美满。

没有人是一座孤岛，即便你一个人也能过得很好，即便你知道身边没有人可以永远陪着你走下去，终其一生也不过一场"习惯一个人"的修行。可是当你去看一处好风景时，有人与你同行，跟你会心一笑，也是一件很美好的事。

这样琐碎的牵绊和努力，才是带着烟火气的生活。

超凡脱俗、心无所系是世外高僧的事，对于你我这样的芸芸众生，忧虑更像是一种甜蜜的福祉，活生生地凛冽地存在着。因为忧虑会失去、会失败，所以更加用力地想要去抓住、去感受。忧虑会在你心灰意冷的时候提醒你，其实你挺热爱生活的，只是不愿意承认罢了。

最高程度的出世，不是隐居在深山梅妻鹤子，朝食晨露夕食木槿，不是带着神一样的冷眼对世间的一切嗤之以鼻，更不是一提到钱、努力和爱就认为可耻，而是带着一副热心肠，坦诚地去对待生活，并热爱它，不管它本身是多么无意义、多么劣迹斑斑。

03

我有位坚称"恋爱无用论"的好友，平时总是拿"爱情的泡沫归根到底不过是填补寂寞罢了"或是"夫妻本是同林鸟，大难来时各自飞"等话来寒众人的心。忽然，在一次远游后转了心性，步入了一场甜蜜的恋爱中。

她乘坐的大巴在湿滑的夜雨道路上险些翻车，山间的崎岖小道旁边就是悬崖，所幸车在摇晃了几下之后终于找回了平衡，她吓出一身冷汗的同时，居然起了一个念头："我活到现在什么都不缺，有朋友有事业，生活优渥、衣食无忧，不算是太失败的人，可是我还没有爱过，多可惜！我还不想死，我要好好地去爱一场。"

所以，如果你觉得抑郁，不知道自己想要的是什么；觉得自己看破了红尘，一切挣扎都是徒劳，生活的意义都是被强行赋予而不是发自本心，那千万不要再自欺欺人地告诉自己身外一切皆是浮云。

去看一部恐怖片，去蹦一次极，去坐一次惊险刺激的过山车，去探访一次阴森的鬼屋，然后在半夜吓醒的时候抚着胸脯叹一口气，发现自己还有呼吸、有意识，手脚都能动，像所有普通人一样害怕着、挣扎着从梦魇中醒来，看到床头的灯光会觉得很安心。这样细碎又温暖的惊喜，就是你与生活的契约。看，活着多好。

内心有力量的人不会介意偶尔示弱

01

某天晚上，我陪父母看一个选秀节目。

节目里的很多参赛者都才艺出众，纷纷在中间的比拼环节使出浑身解数，争取能晋级到下一轮。比赛过程中，有一个姑娘引起了我的注意，她几乎没有什么突出的才艺，在自我陈述和表演时，还显得有些笨笨的。她发挥得并不完美，记者采访她时，她说着说着突然流下了眼泪。

她的突然失态让身边的记者都有些慌神，显然这个环节并非是主办方的刻意安排。她抽泣着接受采访说，虽然参加了这个选秀节目，但她本身只是一个特别普通的女孩，也没有什么条件去做才艺培训，她只是希望通过这个节目，得到一次成长蜕变的机会。

与她相反的是，另外一些参加节目选秀的姑娘在接受采访时，按照惯例感谢了一大堆人。

我父母叹息道："这个爱哭的姑娘，最后肯定会被淘汰。这是节目，怎么能在人前示弱呢？"

让父母意想不到的是，当主持人宣布投票结果时，这个爱哭的姑娘的得票数居然高居前三，成功晋级到了下一轮。

接下来，节目到了日常培训环节。这个姑娘在学习才艺的过程中还是一副笨笨的姿态，但是有一点很不错，尽管她经过反复训练之后水平也没有提高多少，但不管网上怎么批评她，她始终都咬牙坚持把不算高水准中的状态展示给观众。

我朋友在和我谈到这件事时说，在当下这个时代，很多人喜欢的就是真实，什么是真实？真实就是不完美。一个人，如果能活出自己最真实的状态，哪怕有缺点，也能获得别人的原谅。主动袒露自己的缺点，会给人一种真实的感觉。

我说，应该不仅仅只是这样，这个姑娘身上的真实感，带给她一种不完美的坦荡，她知道自己的短板在哪里，但她并不像其他人那样羞于将自己的弱点展示出来，她愿意在众目睽睽下接受和承认自己的缺点，并让别人看到自己为这种短板做出的努力和改变。

只有内心真正有力量的人，才敢于向这个世界示弱。

这个世界上有太多人想掩饰自我，他们会编造各种借口以逃避面对自己身上真正的问题，会羞于向这个世界示弱。胜者为王是他们唯一信奉的标准。"知道自己并不完美""承认自己做不到某些事"对于他们而言，不吝于奇耻大辱。

02

我就遇到过一个处处想超过别人的人。

别人买了一件新衣服，她说："身材那么差，衣服档次再高又有什么用。"

同事的子女考上了一所不错的大学，她阴阳怪气的来一句："考上大学有什么用，清华毕业的也有人找不到工作。"

别人升职加薪了，她说："她能力那么差，谁知道背地里用了什么样手段。"

其实，她这样的姿态，并没有在别人心中留下她活得很高级的印象，反而让别人觉得她盲目自大。

我曾经对她说过，这个世界上并不存在每一方面都胜过别人的人，适当示弱，你会活得轻松一些，也会活得开心一些。

像她这样的人，在日常生活中并不少。我们中间有很多人，在学校里接受到的教育就是勇夺第一，不管在哪个方面，都要力争做到最好。

事实上，这种绝不能输的思维虽然看起来很强大，但仍然是一种暗藏着心虚和自我掩盖的固化思维。这种思维会妨碍我们进步。做到最好，并不是要做到最强。这二者之间，是有差异的。每个人的天赋、基因、性格都有差异，这注定了不可能每个人都赢。每个人都能赢只是一种愿景，但是它是取长补短的前提。事实上，不是每个人到最后都能赢的。输是正常的，不输，我们就无法知道我们到底还有什么地方存在不足。

敢输的人，才是真实的人，勇敢的人，有力量的人。因为他们敢于面对自己的缺憾。

03

有一个知名博主，有一次在写到她朋友时是这样说的——朋友虽然是已婚状态，但是过得比单身还累，因为她太好胜，从不示弱。在工作上好胜，不做到业绩第一不罢休，她手下的员工离职率一向是最高的；在家庭里也好胜，每个家庭成员都要听她指挥，对老公儿子稍有不满就歇斯底里地发脾气。当她来问我为什么她付出了这么多，到最后大家不仅不感激她，反而埋怨她时，我都不知道该怎样答复她。

我还在一个微信公众号的宣传义案上看到过这样的文章标题："我是如何在一年之内又开公司又带孩子还写书赚钱的。"

她们的确赢了，获得了物质上的成功。

但我一直在想，一个人活到面面俱到，丝毫没有示弱的余地时，即使会快乐，但那也是以透支其他方面的快乐为代价的。

似乎这个时代，越来越倾向于把每个人逼向全能，绝不吃亏，绝不让步，绝不牺牲自己，据说是强者的要素。而示弱，代表的就是无能。

其实，真正的力量不是强撑，而是绵绵不绝，强撑的力量不会持久。当一个人懂得示弱时，他就无法背叛真实的自己，反而会因为有了缺憾而显得更加真实，也会因此而显得更加强大。

那些处处渴望赢得第一的人，恰恰是因为自己虚弱。他们害怕自己一旦示弱，很多人和事就会脱离自己的掌控，就会面对自己不得不去面对的性格缺点，看到自己那份真实的丑陋。

而只有当我们真正强大起来时，才会看到第二名的"可爱"，看到第三名的"活泼"，看到弱者笨拙地活着的暖心和不甘示弱者强撑着活着的那种虚弱。

少一点伤感，多一点努力

01

时光跑得太快，根本追赶不上——无论你是骑着兔子还是跨着千里马。

那些念念不忘的事情，总是来不及思考就已经被翻了页。

无论舍不舍得，就像天黑天亮，中间都只隔着大梦一场。

大约是因为早早就明白了这个道理，也知道"记忆"有时不太牢靠，我总会习惯性地为每段时光留下些纪念。

一套《安德鲁朗格彩色童话》，用来纪念小学时光；一瓶鼓浪屿的流沙，用来纪念同要好的一帮朋友们一起度过的那场完美旅行。

手机里不愿意删除的短信，会一直堆到存储空间已满；许许多多的合照都舍不得丢，虽然相片上其他主角也许已经失去了联系；每一封收到的信和每一张明信片都小心珍藏，哪怕来自于远方的陌生人。

我一直很用心地收藏着，用这些纪念品来陈列那些流逝的时光。一个人在安静的午后，有时也会摆弄几下，仿佛在跟过去的自己打个招呼。

可这些纪念品里，也藏着一些我不太想回忆起的不快乐的光阴。

年纪小的时候不懂事，特别喜欢把生活演绎得大起大落，如同过山车一样精彩。

那时候听陈绮贞唱："你累积了许多飞行，你用心挑选纪念品，你搜集了地图上每一次的风和日丽。"

当时，我正要和男友分手，原因是两个人每天吵架实在精疲力竭。

于是我跟他说："不如去最后一次短途旅行，当作纪念。"

大约因为他当时也很年轻，对这种纯属"折腾"的行为竟也一口答应。

第二天早上，我们坐了一个多小时的车，去看了最近的一片海。大约傍晚七八点钟回到学校，疲惫地互相道了再见。

关于那场持续了八个钟头的"旅行"，我已经没什么记忆了，只记得转身后手机响了，打开一看，是他发的短信："祝你幸福"。

如果这段年少时的"折腾"就记得这么多，也未尝不是一件好事。

偏偏在海边"手贱"，和他一人买了一件纪念品：一只茉莉味道的小小香囊。

似乎是我当时说："等到里面的味道没有了，我们也就忘了对方了。"

现在想起自己说过的这样矫情的对白，真觉得惭愧万分。

关键是，好多年过去了，这只香囊依然散发着幽幽芬芳，实在让人觉得出乎意料又无言以对。

这代表着年少时一场离别的香囊，也就成了一样悲伤的纪念品。

那段感情早已时过境迁，长大后也渐渐明白——这一场无果而又用力的恋爱，大约只是给少年时的浪漫情怀找了一个不合适的寄托。

然而想到那场离别，终究还是觉得伤感。

记得我说我们会忘掉对方的时候，他叹了一口气，说："早知道会变成陌生人，不如当初一直做好朋友。"

很多年过去，我已经忘了他说过的甜言蜜语，忘了我们许下的海誓山盟，也忘了在一次次的争吵中，我们如何用力地伤害过对方。

可我却始终记得他这一句话。那仿佛提醒着我，因为一段错误的恋爱，失去了一个亲密的朋友。

每当看到那只香囊，我心里就有种难言的伤感。

直到有一天，我无意中看到那个男生同自己女儿的合影，原来他已经结婚数年，并且有了可爱的小公主。

我心里倒没有多少感叹，只是又突然想起那只放在抽屉里的香囊。

拿出来的时候，它还执着地散发着幽幽的茉莉芬芳。

我突然明白，这么多年来，它所代表的那股说不出又丢不掉的遗憾与伤感，是多么多余，多么无用。

假如成长都已被真实经历，现在的自己也不会再重蹈覆辙。那么这些徒增伤感的纪念品，又究竟是为了什么？

我终于释然地将那只香囊丢进了垃圾桶。

那一瞬间，我竟然觉得快乐。

那个下午，我狠狠地回忆了一遍那些不想再挂怀的悲伤。

那些以"假如"开头的遗憾，那些舍不得与不甘心，那些难以原谅自己的过错，那些难以释怀的低谷时光。

——有什么用呢？都丢掉吧。

02

我时常会想，"念念不忘"这四个字，究竟讲的是怎样一番心境？

有时候，它代表的是勤奋——朱熹说："惟其反躬自省，念念不忘"。

有时候，它代表的是执着——就像叶问在电影里说："念念不忘，必有回响"。

有时候，它代表的是勇气——就像王菲歌里唱的："要有多坚强，才敢念念不忘"。

我们在日常生活中听到这四个字，更多的却是带着悲伤。

一次失败，一场离别，一个遗憾，一念之误……

太多太多念念不忘的悲伤挡在前头，好好的晴朗天气都要被乌云遮住。

每个人都有选择自己记忆的权利。

可是，假如你想要过得快乐，为什么还要抓着从前的悲伤不放？

03

曾经有人问我，实在不喜欢自己身上的某个缺点，却又无法改变，该怎么办？

我想这大约也算是一种悲伤，虽然它不像遗憾一样微小，也不像想念那么悠扬。

很小的时候，看过一个简单的童话，具体的情节有些记不清晰了。

大概就是两个兄弟，一个想当音乐家，另一个想当画家，却不幸一个耳朵失聪，一个眼睛失明。

在他们绝望的时候，上帝化身为一位智者，为他们指引方向——让失聪的孩子去试着画下安静而美好的世界，让失明的孩子用双手弹奏纯洁而真诚的音乐。

当他们接受了自己缺点的那一刻，他们竟惊喜地发觉了自己意料之外的天分。

另一个故事发生在现代，也更加真实。

一个耳廓不漂亮的女人，一直因为自己的耳朵自卑，但也正因为她想要修饰自己的耳廓，便对耳饰极为留心，慢慢地竟涉足了珠宝业，成为了一名优秀的珠宝设计师。

在这个世界上，从来没有一样东西是完美无缺的。

从某种程度来说，我们每个人都会有一点点不完美的地方。

可或许也正是因为这样的缺陷，使得我们在这个偌大的世界里显得更加特别。

从来就没有什么缺陷，会完完全全带来不幸。

所以，与其怀抱着无法改变的事实讨厌自己，不如勇敢起来，和悲伤说再见。

只有接受并喜欢上最真实的自己，才能遇见更好的明天。

04

依稀记得大学时，每学期末，女生宿舍里，大家总要聚在一起叽叽喳喳地预测"来年"的星座运势。

转眼那些"来年"也都变成了载着人离开的火车，还没来得及告别完，转眼就消失不见。

最终，我们的那些年也没有按照任何猜测来进行，后来的事情如数上演。

始料未及的相遇和分散，云淡风轻的相爱和相离——在那些灿烂的青春里，总是有太多意料之外的收获和失去。

嘴巴里说着"哎呀呀，生活这样无聊，时间怎样打发"，眼睛却看着车来车往，青春就这么带着遗憾一点点地倾洒。

如今长大了，想起那缤纷的过去，却终究还是更愿意去回顾快乐的一面。

既然悲伤与寂寞都是再平常不过，那么让精彩的生命都被多余的伤感浪费，多可惜？

毕竟在短暂的一生中，珍贵的从来是开心的时光，而非不开心的回忆。

少一点伤感，多一点努力，改变那些让你难过的，接受那些无法改变的。

假如一切已是过眼云烟，你就更不需要怀念悲伤。

被需要也是一种能力

01

我为什么不喜欢撒娇？

曾在微信朋友圈看到这样一句话："撒娇就是一种示弱，它不断缩小自己，放大别人，让别人感觉自己被依赖、被需要。"

我一直认为撒娇是娇情，是一时的妥协，长久的关系不能只依靠撒娇。所以我从来没有尝试过撒娇，回想了一下自己的前半生，在我身上，撒娇竟无迹可寻。

朋友给我看过教女人如何撒娇的书，内容都是如何利用撒娇让男人立刻缴械投降。起初我误以为写的是教人如何自我成长。

后来我觉得内容越来越离谱，这不是在说笑，书中教给读者的就是那种叫人看了不禁会发笑的扭捏姿态。

比如：什么时候要梨花带雨？什么时候要呆萌装傻？什么时候要嗲声嗲气……

我心想，这技能也太难掌握了。稍有不慎，撒娇就变成了尴尬和笑话。

我不是演员，也没有演技，请允许我给此书一句评论：害人不浅！

我有一个女同学，夸张到什么程度呢？她在我们班男同学面前永远是一副娇嗔、懵懂的面孔："帮帮我好不好，好不好吗？""怎么办啊？"

回到寝室，就切换回正常的东北口音："咋滴啦？""这旮旯的是啥玩意儿呀？"听得我很别扭。

太做作，太虚伪，太假，也太累。

爱撒娇的女人动不动就说："人家不会嘛！""人家力气小嘛！""人家……"利用撒娇来逃避工作，撒娇的背后就是没有实力，就是懒，就是投机取巧。这些经历让我一度对"撒娇"这个词很厌恶。这种矫揉造作，我学不来。

02

其实，撒娇是人际关系的润滑剂。

由厌恶撒娇到认为撒娇是一种能力，我经历了两件事。

第一件事：

有一回，单位突降工资，我们几个人在前台分析原因的时候，一位领导来办业务，看见我们在聊天，很不高兴地说："怎么还聚堆儿聊天呢？"我们当时心里很不舒服，觉得自己已经把手上的活都干完了，又没有客户，说几句话又有什么不妥呢？

这时我们中的一位同事，用撒娇的口气说："领导，怎么办啊，我们的工资又降了，我们都上火呢！"

领导也听说降工资的事了，马上加入了我们聊天的队伍，说："哎，你们都说说降了多少啊？"

于是，大家你一言我一语聊得火热。

第二件事：

一天，一个女孩儿来办业务，正好接到了男朋友的电话，她的声音又甜又软："我不要你请吃饭，我请你吃饭，你最近那么忙，都没有时间陪我，我花钱请你陪我，好不好？"

作为一个女人，听到这段话，我的心都酥了！男孩如果不赴约，天打雷劈。

在知乎上看过这样一则笑话，老婆说："老公，我爱你。"老公："又想买什么？"老婆继续说："老公，我爱你。"老公："看来不便宜。"老婆继续说："老公，我爱你！"老公无奈地回答:"好,买吧!"这就是撒娇的软实力。

原来,适度而正确的撒娇,真的可以成为人际关系的润滑剂。它不直接对抗,以柔克刚,避免正面交锋。这是一种攻其软肋的机智啊!

03

撒娇也是一种疗愈。

李挺说过这样一句话:"一个人真撒娇的状态是把他们身上的盔甲都卸下来,把内心那个不想长大的小孩放出去。"

这句话让我差点落泪,顿时有大彻大悟的感觉,这才是我寻找的撒娇的真谛呀!

说得太好了,虽然我们长大了,但内心却永远住着一个不想长大的小孩。撒娇就是我们在有足够安全感的情况下,卸下盔甲,把自己内心那个不想长大的小孩放出去。

有些童年的记忆,会潜移默化地影响我们的一生。比如父母的一次打骂,一场噩梦般的考试,被同学孤立……这些被淡化的童年创伤,就是我们内心的小孩不想长大的原因。

我们也许会对某件事特别敏感,或总是陷入某种悲伤,这就是那个不想长大的小孩在闹情绪。当我们通过撒娇的方式,把不想长大的小孩放出去;当我们足够成熟去安抚、疼惜这个不想长大的小孩，治愈就实现了。所以在撒娇后，我们的负面情绪就会神奇地消失。

04

我为什么又爱上了撒娇？

一天晚上，我坐在沙发上看书。女儿写完作业，乐呵呵地跑过来，用小胳膊搂着我的腰，我很困惑，她这是要干什么？因为弄得我很痒，我就想推开她，忽然一下子反应过来，小女孩在跟我撒娇呢！

为什么突然跟我撒娇呢？因为我买了她一直想要的那件礼物她感受到了妈妈的爱。

女儿脸上露出幸福又满足的表情。她那股纯真的，无忧无虑的，只是单纯想表达"妈妈你真好"的撒娇，让我的心瞬间融化了。我是拼了命才压制住问她还想买什么的冲动。

为什么都说男人喜欢撒娇的女人？我瞬间懂了。再推而广之，人都是需要撒娇的。小的时候是最天真的状态，向父母撒娇，向疼爱自己的其他长辈撒娇，随时随地，想撒娇就撒娇；长大了就只向最亲近的人撒娇，也不难理解为什么热恋中的情侣愿意称呼彼此"贱贱"，因为我见过彼此卸下盔甲、纯真无邪的样子；老了会向子女撒娇，不是说"老返小"吗？人老了会在子女面前特别执拗，这也算是返老还童的一种表现吧。

不管你是在父母、爱人、子女面前恣意撒娇，还是你的子女、爱人、父母在你面前撒娇，都是无比难得和幸福的。

我们撒娇，不为野心，不为成功，仅仅是为了让自己觉得幸福快乐，让身边爱我们的人幸福快乐。

不抱怨的人，怎样都好看

01

在我们身边，总是充斥着各种抱怨。我那么尽职，凭什么老板只提拔他？偏心，愚昧。

我那么美，还比不过她这种姿色平平的人？荒唐，眼瞎！

这些情绪大家都不陌生吧？这些决堤而出的负面能量、这些不好的心态，如影随形般跟着我们。

李笑来老师在《彻底戒掉你的抱怨》里说："抱怨，是无能和无奈的表现。当我们遇到麻烦，做事不顺利的时候，能解决就解决，解决不了就承受，这才是正确的态度，抱怨有什么用呢？没有用，因为它只能用来向别人展示自己的无能和无奈。"

李笑来老师又说："抱怨，在我看来，就是这个世界里最强的负能量。它会让一个人变得令人讨厌、令人厌倦；它会让一个人失去挣扎的能力，失去承受的坚韧……抱怨的害处并不仅仅在于浪费时间，也不仅仅在于会暴露自己的无能，它真正的害处在于会让你不由自主地放弃挣扎……"

既然抱怨有如此多的坏处，我们为什么不戒掉它呢？

《不抱怨的世界》里给出了答案，因为抱怨如此契合大众的心理！

五大好处：

寻求关注。我们抱怨，往往是想得到别人的关注。

我们想不出更加积极的能吸引人关注的方法。情侣之间的抱怨常常如此。

推卸责任。这类人之所以抱怨，是因为他觉得自己没有能力让事情变好。

引人艳羡。这类人抱怨是为了自夸。抱怨"我的上司很蠢"，其潜台词是"我比他聪明，如果我管事情，工作会做得更好"。

操纵力。抱怨是获得操纵力的有效方式。特别是在竞选中，为了赢，常常通过搞臭竞争对手，让选民投票给自己。

为欠佳的表现找借口。

对我而言，抱怨就是单纯的情感宣泄，没有想办法解决问题，而是选择痛苦的、祥林嫂似的哀号。

抱怨之后才发现，我经常陷入恶性循环：诱因—抱怨—心情舒畅—诱因—再抱怨—再心情舒畅—诱因—又抱怨—又心情舒畅……

02

教给我这一课的，是文秀姐姐，她使我有了极大改变。在我怨天尤人的那段时间里，一个偶然的机会，我认识了美丽的文秀姐姐。虽然我们相差二十岁，但是不妨碍我们成为彼此生命中那个"懂得"的人。

她是一家医院的护士，在女儿三岁时做了单亲妈妈，虽然前夫没有给过抚养费，但是她依靠自己的努力，咬牙坚持，挨过了最煎熬的十六年。她从来没有在女儿面前哭过。唯一一次落泪，是女儿考上了中央财经大学，对她表示感谢的时候。

她很云淡风轻地跟我说这些艰辛，对前夫没有一丝一毫的怨恨，总说他也不容易；对自己含辛茹苦、独自抚养孩子没有任何的怨怼，更多的还是感恩，感恩老天赐予她如此美好的孩子，感恩每当自己感觉撑不下去的时候，有贵人的相助。她总说自己很幸运。

我是和她认识之后，才真正放下了心中那些抱怨。

荀子说过："自知者不怨人，知命者不怨天；怨人者穷，怨天者无志。"

就像文秀姐姐，不抱怨并不是基于内心的骄傲，或是怕别人瞧不起，而是基于对自己能力的肯定和内心的坚韧。

她教会了我，如果抱怨是毒，那么感恩就是药；如果抱怨是剑，那么感恩就是鞘。

人生在世，不如意事十之八九，如果你总是把不好的事情归咎于别人，归咎于命运，你永远会被抱怨缠身，永远不会开心快乐。遇到不好的事情时，试着找到可以感恩的地方，你就会跳出抱怨，把生命看清楚。

03

小鱼离婚以后，发现做单亲妈妈也没有很可怕，因为她找到了新的生活方向，忙着工作、学习、旅行、陪女儿长大……她很辛苦，但也很快乐，因为她能行，并且做到了。

她再也不会刻意企盼某个人来爱她，而是专注于让自己活得漂亮。

她在买了房子之后，经济上曾一度拮据，却也没有对身边的人抱怨过半句，而是在金钱上更加自律，强迫自己精打细算，更加努力地工作。她告诉自己，一定照顾好自己和女儿的身体，不能生病，以免祸不单行。

当困难太重，左肩扛不住时，就换右肩继续扛。

她告诉我，她只哭过一次，有一次和女儿去一个非常偏僻的游乐园玩，出来的时候已经没有公交车了，出租车也很少，她和女儿站在路边等了一个多小时，女儿小脸冻得通红，哆哆嗦嗦地说："妈妈，我冷！"

她把自己的大衣给女儿穿上的时候，泪流满面，因为第一次如此真实地体会到无助，她恨自己没能照顾好女儿。

小鱼没有抱怨，没有让消极的情绪打击她的"玻璃心"。她说，很神奇的是，她居然很感恩自己和孩子可以顺利回家，感恩女儿没有感冒……当小鱼在日记本里写下一串的"感恩"时，她感受到了自己的转变与成长。

不抱怨，感恩前行，让我们成为自己的太阳，晒掉艰辛和悲伤，那些我们坚持的东西，一定会成为我们身上的光！

你有价值，你的爱才有价值

01

凌晨时分，我仍毫无睡意，不知道是咖啡惹的祸还是我依然沉醉在白天那美丽宜人的景色里……从舒适的床上爬起来，我顺手打开了电视，天津台的一档节目吸引了我。

节目里，男孩要和女孩分手，原因是女孩经常歇斯底里地发泄情绪，男孩和她在一起感到很恐惧。

主持人问女孩为什么会有这么大的负面情绪，女孩讲了自己的故事。以前她的家境非常好，一直过着衣食无忧的生活，但是高三那年，家里的生意出现了问题，一下子从天堂掉到地狱，导致她精神上受了很大的打击，影响了学习成绩，没有考上理想的大学。大学毕业后，女孩和男孩同居了，因受不了工作中复杂的人际关系，她选择不上班。她说男孩回家后不和她说话，而且已经有一段时间了，她感觉男孩越来越瞧不起自己。

嘉宾们做了很精彩的分析，循循善诱，劝说男孩要多关心女孩。

而我倒是很想说一说这个女孩。我的第一感觉是女孩很不爱自己，不是男孩瞧不起她，而是她自己瞧不起自己。家境好时，觉得自己什么都好；家境不好时，就觉得自己不值得被爱了。以前的自己在天上，现在的自己摔在了地上，自己的安全感全部来自外在的环境。

在我看来，家境的败落不是从此一蹶不振的理由，而应该是成长的契机，是包装恐惧的礼物，她应该从中得到历练。

首先，她一定要去找一份自己喜欢的工作，找到自己热爱并坚持的东西，找到自己真正的价值。我很赞同一句话：工作是女人最好的保养品，有了它的滋润，女人才能活出自己的精彩。

其次，学会面对现实。要让自己从压抑的情绪中走出来，要有与"恐惧""害怕失去"这些情绪共处的能力。等到内心强大了，自然就会拥有面对问题、处理问题的勇气和能力，找回本就属于自己的自信、自尊和自爱。

02

如果你认为别人瞧不起你，一定是你自己先否定了自己，赋予了别人瞧不起你的权利。

张德芬老师说过："亲爱的，外面没有别人，只有你自己。"

要多向内看，坚强、勇敢、善良、专注，还有更重要的爱、喜悦、平和，这些都不是钱可以买到的。

最后，要从现在开始，不再做依附着男人的女人。不要偷看他的手机，试图找他不爱你的证据，然后生气、吵架，这样只会让你爱的人对你敬而远之。最明智的做法是做自己的女王，让男人仰视你，让他发现没有了他，你依然能活得很好。当你做到了，你会发现你的收获不仅仅是稳定的感情。

回到节目最后，最终男孩没有放弃女孩，并自我检讨说，是自己对她不够关心，而女孩也说要改变自己。写到这儿，我突然很心疼这个素不相识的女孩了。

女孩，加油！男孩，珍惜！

第二章

生命的
每一天
都是奇遇

生活以痛吻我，我却回报以歌

01

"爱自己是终生浪漫的开始"，这句话是王尔德说的，我很喜欢。

对于这句话，我的理解是，爱自己，就是不要因人生的不如意而自暴自弃，不要因为别人的错误而惩罚自己，不要因为手中有一副烂牌，就埋怨命运，进而胡乱出牌，颓废到底。爱自己，就要以"生活以痛吻我，我却回报以歌"的心态好好活着，你活得万丈光芒，很多美好自然而来。

妍妍失恋了，她苦心经营了六年的感情说断就断了，我们都很担心她会一蹶不振。可是那天晚上，妍妍在微信群里问我们谁可以陪她去吃饭，我正好有时间。在我印象中，失恋的人应该是茶饭不思，可妍妍看上去并不是这样的。到了餐厅，妍妍要了一份素食，吃得很香。她还特意嘱咐服务员菜不要太油腻、有些东西坚决不吃。她说，不管别人怎么看轻她、不珍惜她，但身体是自己的，她要比所有人都爱惜。妍妍的这种态度让我很佩服，这才是真的爱自己，不轻易否定自己，不放弃自爱。生活中的不顺利反而让她更加宠爱自己、照顾自己，好好吃饭，是在情绪低落时，治愈自己的一剂良药，能帮助自己顺利地度过低潮期。

我认为这是最好的处理方式，当一切不可逆时，就随他去吧！生活是自己的，身体是自己的，心情也是自己的。事情已经变糟，如果因此不吃东西，祸害身体，岂不是损失更大。

不要拿自己的身体跟无形的压力、委屈、痛苦等较劲儿。就算你的生活已经糟糕透顶，你也要守住底线，好好吃饭。

因为只有吃饱喝足，才有体力和精力继续去做想做的事，去遇见对的人，去为喜欢的生活而打拼。

02

我们家附近住着一对父子，儿子是智力障碍者。每天我都可以看到那位父亲把自己和儿子收拾得利落、妥帖，然后两个人在小区的广场上散步。

从那位父亲脸上可以看出，他没有怨恨命运，相反，他总是笑呵呵的，一副满足的样子。

一个很偶然的机会，我和这位父亲聊了几句，他告诉我，儿子在很小的时候就被发现患有先天疾病了，妻子得知结果后，离开了他们。这对他来说是双重打击。

他恨过、怨过，最后都化为理解：一个女人想过安稳的日子，他很理解。他说自己也想过上衣食无忧的日子。

每天努力地照料孩子的衣食住行，认真给孩子洗澡，穿干净的衣衫。他不希望儿子被别人看低。

我们小区里的每一个人，提到这对父子都会竖起大拇指，这才是真正的爱自己和不放弃生活。

生活对他施以鞭刑，把他抽打得浑身伤痕，然后躲在一旁准备看他的笑话。可是这位父亲，他爱自己，对自己负责，而不是躲在某个角落里逃避现实。

他活得干净，活得坦荡，活出自己的底气，完美地诠释了如何正确地爱自己。

03

我看过电影《被嫌弃的松子的一生》，这部电影让我一度落泪，数段虐恋几乎无缝拼接。它让我意识到，人活在世，穷尽一生，都在学习爱自己，只有学会了怎样爱自己，才能让自己避免很多疼痛。

松子从小就没有得到足够的关注和爱，无论她怎样讨好，如何乖巧都无法把爱留在身边。

她遭学生的陷害，被学校开除；与作家同居，却目睹心爱的人自杀；后来与作家的朋友同居，又发现被欺骗……

这一连串事件的发生，让观众在心疼松子的同时，也发现了一个问题：松子如此任命运摆布，又如此遭人嫌弃，最根本的原因是，她用对别人无尽的付出和爱来填补自己内心的不安全和挫败。她把力量和希望都放到了别人身上，得到的却是别人变本加厉的伤害。

这就是无法爱自己的人的结局。如果松子从小就努力地爱惜自己，让自己强大，以她的美貌和天赋，哪会给别人践踏她自尊的机会。

04

现在有很多人对"爱自己"有误解。在我们固有的观念里，爱他人、爱集体才是美德，而爱自己就是自私自利的。

这是错误的观念。利己不是爱自己。

恰恰相反，利己是不爱自己，因为内心空洞，而需要别人的力量和外在的物质来肯定、帮助、满足自己，把自己的力量交出去。这是在害自己，是最危险的。

爱自己就是接受自己的不完美。正确看待、接受自己的长相、出身、能力，觉得自己不输给别人，更不会借助或企求别人的帮助，来填补内心的空虚。

要学会给自己爱和关注，不再患得患失，缺乏安全感。这种自我接纳会拯救自己，改善自己与别人之间的关系。

真正的爱自己，是尊重自己、理解自己、接纳自己，不委屈地付出，不用控制与被控制的方式去处理关系。当别人对自己造成伤害时，马上止步，不评价，不抱怨。

因内心充实而笃定，因笃定而自信，因自信而有实力去开启浪漫的一生。

你要坚持一些美好的事

01

我们生活在一个忙碌的世界，如果没有被美好而细微的事情吸引，就很难沉静下来，让身心得到真正的放松，会离不开"忙而劳"，得不到"缓且美"。

我希望将时间浪费在美好的事物上，相信所有的细节才是生活的本质。和自己喜欢的一切在一起，才会爱自己、爱生活、爱自然。

02

我会坚持一些美好的事物，来爱属于自己的时光。

听歌

我很喜欢听歌、品歌，男歌手里最喜欢张学友。听他的歌，很陶醉、很治愈。女歌手里最喜欢刘若英，学她的歌不需要多么好的嗓子，不需要太多的技巧，但必须抓住一点，把感情投入歌里，用尽你的情感，才能唱出她歌里的味道。

最爱伤感情歌，就像赴了场心碎的约会，看了场流尽眼泪的电影，经历了一次凄美的心动，然后踏上自我治愈的旅程。

听雨

我喜欢有雨的天气，细雨绵绵，不打伞，置身于雨中，静静地聆听雨水滋润着土地的声音。雨前电闪雷鸣，雨中朦胧暗沉，雨后风和日丽。幸运的话还可以看到美丽的彩虹，写到这里想起一句歌词"不经历风雨怎么见彩虹，没有人能随随便便成功"。连大自然都遵循这种规律，何况人生呢！

欣赏怀旧照片

看怀旧照片对我而言，就是欣赏一件件有故事的艺术品，为这些照片标注我的第一眼看到它们时的感受，是让我无比专注、沉浸其中的事情。它让时间静止，烦恼止步，留我在充满真快乐的空间里，就似佛家所说的"法喜"，道家所讲的"遁入"，我妈认为的"这孩子着魔了"。但我认为自己很幸运能找到"静"的方法。

看电影

电影给了我很多精神上的享受，精彩的剧情、美食、美景、美人，给我打开了更广阔的世界的大门，弥补了很多我生活中的缺失。现在我每看一部好电影，都会好好享受这两个小时的五味杂陈，感动、流泪、悲伤、温暖、励志、狂喜……之后莞尔一笑，再回到现实。

喝茶

我们总是过于匆忙，以至于喝茶的时间都很少。其实，喝茶是一种仪式，是我们与草木之间的联结。我们生活在钢筋水泥的城市，缺少草木的灵气，茶的那份清灵和浓厚而醇美的香味，能让我们在纷繁的世界中安静地坐下来，求得片刻的超然与宁静。

与茶邂逅，喝的是一种心境，品的是一种情调，如一杯茉莉花茶，它淡雅香气点缀着我们平凡的生活。无论时光如何流逝，淡淡的茶香永远相随相伴。

读书

书真的是这个世界上最划算的投资了，有时候书带给我们的精彩，远比书价高。我很认同一句话："没有经过书熏的人，便无法在内心体会万般的人生。"

每当我沉浸在书中，都感到世界突然变得万般丰富了，它似乎唤醒了我所有的感官，可以透过文字看到画面，穿透气息触到质感、尝到滋味……它真的可以带给我无限的广阔。

　　以前看《红楼梦》总是遗憾：为什么最后和宝玉在一起的不是黛玉而是宝钗？难道不喜佳偶天成，不爱美好姻缘？看了很多遍才明白了这一场富贵风流。如果是宝黛的结局，而宝玉注定要脱离凡尘，最终弃黛玉而去的话，岂不更伤我们的心？我认为作者最爱的女子就是黛玉，虽寄人篱下，身染病疾，但她有倾城美貌、绝世风流，如仙子下凡。她和宝玉情投意合，生不同人，死不同鬼。最爱书中诗云："满纸荒唐言，一把辛酸泪，都云作者痴，谁解其中味？"一切皆有因，一切皆是果，只恨我才疏笔拙。

　　这些事物，于你可能是平凡的，于我可能是极致的享受，于他可能是发现自我之旅。凡事只要能让你乐享其中，为前行而喜悦，为拥有而快乐，就值得去耗费时光。

总有一场温暖的相遇会来

01

"有时候我觉得自己再也不会好起来了。"

我无数次听到过沉浸在悲伤里的人这样说。

我说："都会好的。这个世界上从来不缺少奇迹，更何况你需要的只是一个转机。"

"再也不会有转机了，再也不会有奇迹。"他们只顾着哭泣。

可你要知道，并不是这样。

年轻的恋人们手牵着手，走过美丽的街道，他们从清晨出发，在黄昏的路灯下露出微笑，真诚地说着永不分别的誓言。

硝烟包裹着村庄，战火弥漫，像一场无情的瘟疫。在这里看日落，总会有种再也不会日出的错觉。

一个个夏天过去，男孩已经长大，女孩已经成家。街道还是那样的街道，誓言早就似清辉散落不见。

鲜血终于干涸，河流恢复清澈。炊烟渐渐升起的时候，和平的时代已经再次归来。

这样周而复始的快乐与悲伤，每一分每一秒，都真实地在这个世界中发生着。

年轻而坚定的爱情，滚烫却又冷酷的战争。

这一切都会结束，你还有什么理由不去相信每时每刻的改变？

02

中学时读顾城的诗，最喜欢《我是一个任性的孩子》。

他这样描述自己想象中的完美爱人——"她没有见过阴云，她的眼睛是晴空的颜色。"

我见过很多很多美丽的女孩子，她们的眼睛都是晴空的颜色，可是我从来没有遇到一个人——没有见过阴云。

这么多年来，我已经记不清陪伴多少朋友、亲人度过了悲伤和不快乐。

就好像乌云也有大小，雨季也有长短——我们所遭遇的，有时只是一时的挫折，有时却是很沉重、很漫长的失去。

正在看这本书的你，曾经或者正在经历什么不快乐呢？

或许是你喜欢了很久的人始终记不住你的名字，大哭一场后却发现心里还是想着他。

或许是你搞砸了一件很重要的事情，所有人都在指责你，你很无助却又回不到过去。

或许是你准备了很久的一次演出或一场考试，结果却不尽如人意，你一个人默默回到屋子里，不知道自己什么时候才能获得一点成功，作为坚持下去的动力。

或许是你失去了一位很在乎的人，却怎么都无可挽回，再怎么不舍都覆水难收。

或许是你还是放弃了心里最重要的那个梦想，在日复一日的生活里忙碌着，担心自己一觉醒来就会变成自己讨厌的那种人。

或许是你很希望有个人可以分享你的生活，却四顾茫茫。

我们总会遇见许多已知的不幸和未知的迷茫——每个人都一样。

可是，我们来到这个世界上，从来不是为了经历悲伤。

每个生命都是一场永远向前的旅程，虽然路上不小心会碰到荆棘和怪兽，但它们从来不是旅行的目的。

我们来到这片充满奇迹的森林里，最终是为了找到那座会发光的城堡。

所以你要相信，就像荆棘永远挡不住骑士的脚步那样——

每一场温暖的相遇都会到来，每一次失败都会过去。

徐志摩说："我并不否认黑影、云雾与恶，我只是不怀疑阳光与青天与善的实在；暂时的掩蔽与侵蚀，不能使我们绝望。"

这位浪漫而愚诚于梦想的诗人，曾经为了等彩虹而冒着大雨站在桥上，结果得了一场重感冒。

即便雨季绵绵不绝，我仍相信彩虹的存在。

03

在这世界上，生来便乐观坚强的人毕竟是少数。

更多的人，是在经历过悲伤之后，才明白悲伤的无用，也是在遇见彩虹之后，才相信雨季的结局永远是晴朗。

很多事情，身在其中时永远看不通透，待到岁月过去，回头再看昨日旧事，无论喜悦哀伤，都已是另一番模样。

每当我遇见挫折，因而不快乐的时候，我都会想起十四岁时，同学无意中说过的一句话。

那是在某次不大不小的考试之后，我因为成绩不佳而一直郁郁寡欢。

无论旁边同学们讲的笑话有多好笑，我都只低着头踢小石子，满脑袋都是"这次完蛋了"。

直到旁边一位同学对我讲："不要难过啦。等到我们长大了，经历了中考、高考，大学毕业，走上工作岗位……我们肯定连中考考了多少分都不记得，更何况这样一次微不足道的考试呢？"

这句简简单单的话，仿佛突然让我从郁闷里抽离了出来，看到了很久很久后、一切都好起来了的"以后"。

大约是突然觉得未来很长，现下的悲伤根本没有任何意义——我很快便打起了精神，把糟糕的成绩抛在脑后。

很多年之后，我真的忘记了自己中考的分数，甚至忘记了安慰我的那位同学的名字。

唯有每当想起这句话时，还能够回味起当时恍然大悟的释然。

当你站在"现在"回顾"过去"的时候，你便会知道——每一个"未来"都会到来。不管曾经我们以为多么严重的难过，都会成为"过去"。

而那一刻释然的领悟，就像一座彩虹，横跨在时空之间。

仿佛曾经的我因为不小心来到未来而停止哭泣那样，现在的我也随时都可以从这里回去，看到过去十四岁那个哭泣的自己。

04

所有的悲伤都不会是永恒的。

假如你更勇敢一点，也许你还可以在每一次悲伤里看到希望。就好像看见落花，就能嗅得到泥土被滋养而沁出的芬芳。

不快乐总会出现，所以我们没有必要去掩饰它，假如它到来，就任由它释放；悲伤只会是暂时的，所以不必惧怕它，只要记得在每一个低落的时刻依然要怀抱着信念。

曾经有一个小妹妹看到了百科全书里彩虹的照片，跑来问我："怎么样才可以看到彩虹？"

我告诉她："去乖乖地打一把伞，然后站在桥上——等雨停下来。"

每当我提醒自己不要耽于悲伤的时候，我都会想起泰戈尔那句童话般的诗："如果错过太阳时你流了泪，那么你也要错过群星了。"

从现在开始，请不要再害怕雨天的泥泞和困顿，也不用再为了每个错过的晴天而哭泣。

所谓彩虹的真相，就是从雨天到晴天，你一直在等待。

你将来不要后悔才好

01

如果我父亲想要我不做某一件事，他会选择以守为攻。他从来不多话，也不使用暴力，而是很严厉地盯着我，然后说："你将来不要后悔才好。"

这句话杀伤力挺大，偏偏对年轻人没用。因为在年轻人眼里，后悔就是错过了今日最后一份豉油凤爪——哎呀，好后悔，不过没事，明日早点儿来就好了。

所以年轻人总有一种令人羡慕的无敌自信，"我相信我绝不会后悔"，而结果呢？有时候他们是对了，有时候他们是错的。对的人继续持有着他们骄傲的自信，错的人可能就从此领悟了父母以前嘴里那个"后悔"真正的含义。

可他们未必承认后悔，毕竟那关乎一个少年的血气与尊严。

　　说年轻人不懂后悔，其实是因为在他们眼里，后悔是一件可以避免的事情。和要好的朋友吵架会后悔，那么紧紧闭着嘴，死也不开口就是了。考前不复习考后会后悔，那么头悬梁锥刺股，好好复习就是了。人生之路不够长，就不会明白命运有多么莫测，同时也不会明白，世界上有些后悔，是怎么也避不开的。好比做一件事，每一步都是正确的，可最后那个结果，偏偏错了。有人说这是巧合，也有人说这是命定。

02

　　小时候，爷爷曾经给我讲过一个故事。在他以前住的村子里，有两兄弟，父母死得早，两人互相扶持着长大。有一年，隔壁村发水，有不少村民遭了灾，其中有一户父母带着一个姑娘。因为住得近，两兄弟常常去帮衬姑娘家，一来二往，两人都对姑娘产生了好感，可是姑娘的心里只装得下一个人，弟弟得知姑娘心中所爱并非自己后，就跟游击队走了。哥哥知道打仗十分危险，内心过意不去，决定去把弟弟找回来。可就在他快要到弟弟所在的队伍时，却不幸碰到了日本人的围剿，再也没回去。

　　在这个故事里，因为想要促成哥哥和心爱的姑娘在一起而北上的弟弟没有错，想要弟弟安全的哥哥也没错，选择自己心上人的姑娘更没有错。一个人人都没有错的故事，却留下了一个死去的兄长、得知哥哥死讯后悔终生的弟弟，以及一个永远都没能等回爱人的姑娘。所以有些事情，你根本无法左右。

爷爷给我讲这个故事，不是为了忆苦思甜，而是为了开解我——世界上太多事情不可控，所以也就没必要带着后悔生活。

爷爷说他见过太多人花费一辈子的时间寻找后悔药，有的人找到了酒，有的人找到了死，有的人找了一辈子，也就浑浑噩噩地过了一辈子。

可这世界上，根本就没有后悔药，与其骗自己还能倒局重来，不如索性忘掉。

换个角度来看，就算后悔，又有什么用呢？时间无法倒流，打破的杯子不会复原，离开的人不会驻足，而你不会比过去更加快乐。

历史之所以存在，不过是为了提醒我们，不再重蹈覆辙，今天的我们就能过得更加开心。

那个令你后悔的过去，也是这样。

生命不允许被任何人否定

01

"只有长得好看的人，才有青春啊。"

电话那边，那位刚刚哭泣过的学妹自嘲般地对我说。

这原本只是一句很普通的俏皮话，并且早已作为一句玩笑话在网络上到处流传。

可是在现实中，每当这句话从我认识的人嘴里真真切切地说出来时，他们脸从来都不是笑容。

在他们心里，这句话似乎道破了一切不幸福的缘由，仿佛是一个逃不掉的预言。

最终，他们只能够无奈地、不幸地，因为相貌上的平庸而失去了那本该璀璨的青春。

一个月前，学妹在网上找我哭诉。

她说，自己暗恋了很久很久的男生前阵子竟突然主动接近她，这让她兴奋不已。

可最终发现，那个男生竟然只是故意做给自己的前女友看的，好刺激对方并暗示自己过得很好，他身边不缺女孩。

前女友没被气到，被利用的学妹却哭得稀里哗啦。

当她声嘶力竭地说"你怎么可以这样对我"的时候，那男生因为愧疚而久久说不出话来，最后只能老老实实说"对不起，对你真的没有感觉"。

"一定是因为我不够漂亮。"学妹说。

她的语气是那样肯定，似乎带着不容置疑的味道。

我想起王尔德曾经说过一句话："一个人除非很富有，否则再有魅力也没有用。"

究竟从什么时候开始，美丽成了爱情的必需品，金钱变成了浪漫的通行证？

成长的过程中，我们总会不可避免地遇见一些讨厌的人和事。而在我看来，最无理的伤害与最恶意的干涉，莫过于随意定义他人，妄图给别人贴上标签，用自己的眼光与思维评判别人的未来。

这种妄加定义，曾经困扰过太多尚未成长到足够坚强的生命。

　　无奈的是，在这个越来越开明、越来越自由的世界上，妄图定义别人的人实在太多。

　　这些定义有时是出于他们认为的爱，比如家长总是斩钉截铁地决定孩子的未来。更多的却是出于恶意与不善。

　　他们的共同点，就是总站在宣判者的角度上，冷酷地打量着我们的人格与外表，从而对我们进行残忍的"判决"。

　　比如："你这样笨，就不要再做考大学的白日梦了。""你长这么丑，有人要就已经不错了，哪里有资格挑剔人家对你不够好？"

　　从小我们所接受的教育，大多如同机械作业的流水线一般，生硬而刻板，不允许太多个性细胞存活。

　　大约也正是如此，许多认为自己看清了"游戏规则"的人，才更加肆意地对别人进行着预言。

　　可是，在这些人盛气凌人的话语背后，难道他们自己就真的完美无缺吗？

　　我绝不这样认为——至少这样肆意评断别人的行为，就是他们恶毒无礼的表现。

　　生命是这个世界上最神圣庄严的奇迹，它不应该被任何人否定。

02

我曾经在报纸上看到一则新闻，一位名气不小的整容医生被几位接受过手术的女性联名告上法庭。

原因并非是他手术能力有问题，而是他对受术者容貌的侮辱性议论太多。

据其中一位女生说，当自己为了微调一下鼻翼而躺在手术台上的时候，这位医生明知她只打了局部麻醉完全可以听见声音，还肆意地同一边的护士聊起她的长相，并且言语戏谑：

"其实真不知道她光动个鼻子有什么用，其他地方还这么丑啊，你看看那眼睛，那嘴巴，哎呀……真是的。我要是她，肯定会更有自知之明一些，要么对自己容貌放弃，哪里都不动，要么就大动，彻底告别丑八怪。"

躺在手术台上的女生听到这么一席话，又惊愕又屈辱，当场就忍不住流下了眼泪，又被医生责怪要为她擦眼泪，真是事多。

有人说，现在的医生本来就很"拽"，患者都得放低姿态，忍气吞声。

可事实根本不是如此。我认识许多医学专业的同学，他们有的还在继续深造，有的则已经成了医生。这些同学大多十分随和且善良，面对患者时更是耐心负责，绝不会说出这样无礼冒犯的话。

当我同他们提起这件事时，他们也很惊讶，并且站在那个女生的立场上觉得十分气愤。

说到底，这种无理的、出格的言论根本与医生这个职业无关，而是与这位医生的人格有关。

当那个女生紧张地躺在手术台上的时候，满怀着可以变得更加漂亮的期待。而此刻为她执刀的医生，在心理上就给人一种"控制者"的压迫感，当他说出那么一席话时，可想而知，对那个无助的女生来说是多么残忍。

这个世界上有形形色色的人，你可以选择喜欢，也可以选择讨厌。但你永远都没有资格随意定义别人。

因为每个人生活在这个世界上，都有自己的快乐与烦恼，更有自己的现在与未来。

这些，不需要任何人来评断，也与任何人的态度无关。

03

我们年轻时，总是很容易被人贴上千奇百怪的标签。其中有些只是无伤大雅的小玩笑，有些却会让我们笑不出来。

不够成熟的时候，总容易受到这些标签的困扰，仿佛自己真的会在别人的评断里失去一些美好。

回过头时，想起那些曾经因为别人的否定痛哭失声的时刻，我们却只觉得心疼与后悔。

多少次妄自菲薄、怀疑自己，如今想一想，竟都是为了些不相干的人。

假如我们没有办法改变他人的放肆，至少我们可以坚实自己内心的堡垒。

在这个世界上，并非只有好看的人才会有青春，也不是富有的人才有资格浪漫。

我们拥有这独一无二、无法复制的生命，是为了经历这世界上美妙的一切，而不是为了迎合任何人的趣味。

我们活着，不是为了取悦这个世界，而是为了取悦自己。

每一个细微的景致里都是美好

01

初秋的溪畔，秋林疏落两旁，一双雀鸟立于树梢。

河边小路幽曲，蜿蜒远方。河水中的粒粒白石披着一层流涟，在阳光下微微映出辉光。

一个小小的人影正行走在这清旷的秋景里。

他与落叶一起望向天空，眼睛里似乎也流动着溪水般动人的粼光。

"这是我去年立秋拍的。今年的立秋下了雨，拍出来比这张更显得幽静。"

我循声回头，这家小茶馆的主人正微笑着站在我身后。

"没想到您还是位摄影家。"我由衷地钦佩道。

就在半小时前，我见识了这家茶馆老板在茶道上让人惊叹的深厚造诣。本以为现代社会中，精于古典茶道，熟稔《茶经》者已是高人，没想到这满墙令人炫目的摄影作品也都出自老板之手——看来这座江南小城中，当真是卧虎藏龙。

"摄影家不敢当，也就是个摄影师，拿过几个奖罢了。"老板谦虚地笑着，目光却自豪地望着墙壁上许多张看着就很厉害的奖状。

在那排奖状之中，还有一张剪报——曾经在上海春风得意的知名摄影师，移居江南小城，只为记录梦里水乡。

我仔细看着那张剪报上的介绍，不由惊讶道："哇，老板，你拍过那么多明星啊！"

他哈哈一笑："那些有什么值得说的。要我说，在这里拍拍四季风情，比每天蹲在摄影棚里给明星拍写真要幸福得多。"

02

就这样，我和老板在河畔沏了一壶茶，慢悠悠地从午后聊到了黄昏。

小城虽开放旅游，此时却是淡季，这家茶馆所在之处又较为偏僻，故而一整个下午都没什么顾客。

在这样安静的小镇一角，流水的叮咚是永恒的背景，揽一杯清茶，时不时进行几句交谈——天光与水影浅浅映在对面人的面容上，像是一个自由而惬意的标志。

此时，只觉不谈些远离尘嚣的事会显得太过浪费。

"在这里已经住了快三年，还是有好多好多美景没有拍完。还好我并不着急，越来越觉得在这里过完一辈子也不错。"老板喝了一口茶，悠悠然道。

"拍完？"我有些好奇，"是有一个目标之类的东西吗？"

老板笑起来，带着点小小的得意："来这里之前，我就列下了一百种想要拍的景致。从春天到冬天，这就是我的一份摄影清单。"

我再次将目光投向墙上的众多照片。

这里有橘粉色的秋日，有抹茶味的夏天，有金色的落日，也有乳白的黎明。

这里的每一个瞬间似乎都是独特的，却又是再熟悉不过的。它们真真切切地每天发生在这座小城里，等待有心的人们与它们相遇。

"那些你清单上的景致——都是什么样的呢？会很具体吗？"我问。

他想了想，给我举了个例子："我曾经听住在这里的一位老人提起，在农历十月初一的清晨，站在前面那座山顶上，能有机会看到日月并升的奇景，但这样的场景并不多见，必须在凌晨五点整赶到，并且幸运地遇上一个万里无云的好天气。"

"那你现在见到过吗？"

"我每年都会在那天的五点之前早早等在山头。可是，暂时还没有这样的幸运。"他微笑着说道，脸上却丝毫不见失落。

"去年的这一天，天气很好，我四点钟就到了山顶，并且支好了三脚架，为接下来的奇景做准备。然而等到快六点钟，传说中的日月并升也没有出现。那时候也会觉得有些失望。可是转念一想——大自然从来没有承诺过我什么啊。能够遇见一次美景，便是一场恩赐。假如没有，那便需要更多的耐心。"

听完他的话，我若有所思地点了点头。

"那么，要是这个清单上的事情……一直都完成不了呢？"我忍不住问。

虽然我知道眼前这位摄影师已经做好了在小镇定居的打算，可假如我有一份"清单"，上面的一些项目迟迟没能打上对钩——多少会觉得有点焦灼。

"那就空着好啦。"摄影师轻松的回答让我微微吃了一惊。

"生活中有些清单是需要你去完成的，可是有些，却是需要你去遇见的。完成你可以完成的，等待你想要遇见的。这样的生活不是很好吗？"他笑着说完，转身走进屋内添水。

我有些恍然地看着桌上那杯没喝完的茶。

　　此时我的生活里，有太多太多像这杯茶一样未尽的事摆在面前。工作、论文中都有太多的问题等待着处理，我时常觉得身心俱疲。

　　就连这场旅行，原意也是为了探访一个古人的故居，好对研究其生平有所启发。

　　大约在我的生活清单上，几乎一切都迫切地等候着"完成"，却少有什么是期待着"相遇"。

　　离开小茶馆之前，我仿佛想起了什么，回头询问那位摄影师："那幅日月同升的奇景，大约多少年才会出现一次？"

　　他笑了笑："没有人统计过。不过，告诉我这件事的老人已经快要八十岁了。而在他的一生中，也只见过一次。"

　　然后他指着那幅一开始令我驻足的初秋溪畔照片，"好在，还有这么多美丽的景色都在我的清单之外。这大约就是清单之外的惊喜。"

03

　　告别了老板，我在傍晚时分回到了住处。

　　进门之前，我本能地回头看了看身后的小镇。

　　炊烟四起，晚霞灿然。每一棵树都像是玫瑰色的新娘，每一只小猫都像是穿上了橘红色的裙子。

　　我仿佛看到了远方——那里有在暮色里低着头的郁金香；桃树含蕊，期待着清晨的露珠；小河畔的杨柳飘着悠扬细长的叶子，像是一位随时就要踏湖而去的凌波舞者。

　　生命中那些曾经惊鸿一瞥的美景，仿佛跳出了记忆的胶卷，渐次灿烂地出现在眼前。

　　我想起陶渊明的"云无心以出岫，鸟倦飞而知还"，想起赵孟頫的《携琴闲步图》，想起鼻烟壶里勾画的珐琅梅花。

　　春夏秋冬，就仿佛自然的喜怒哀乐。它们与人类的情感共生，在每一个美好的相遇里期待着浪漫的共鸣。

　　英雄老去，美人迟暮。

　　即便岁月可以更改容颜、埋藏心事，也变不了那日复一日的明媚日出、灿烂晚霞，变不了每一个春江水暖、竹枝桃花，每一个冬日的西山落梅，落月斜晖。

　　我想起茶馆老板跟我讲过的，曾令茶圣陆羽赞叹不已的惠山泉。

　　想象一下——泚上归来的白鹭在月光下啜饮着晶莹的泉水，小桥从满渠莲花中盈盈而跨，在满眼的清丽中渐渐落下黑夜的帷幕。轻柔的云朵在高峰之外若隐若现，星辰悬于高空，静谧地投下光影，照着煮泉烹茶的旅人。

　　在这样的美景之下，多少文人墨客都曾迷醉忘归！泉水叮咚之间，千百年来最纯粹的、人类对于美的向往渐渐都融入了一杯香茗里，一饮而尽，只觉满身芳馨。

在这一刻，我似乎明白了他那份"四季清单"的含义。

在这繁忙的世间，终日挂念一件件繁杂琐事，太容易觉得枯乏无味。

如果说每个人都不得不面对着一张张列满"未完成"的清单，那么至少，你自己也要有记载"期待"的美好清单，提醒着你——还有多少灿烂等待着遇见，多少惊喜尚未开启。

无论是去旅行，还是静静地生活，你都拥有无限遇见美景的可能。

白茫茫的冬天，萤火虫的夏天，棕黄色的秋天，遇见爱的春天。

世界像一个微妙的隐喻，在每一个细微的景致里都映射着美好。

接纳自己，是对生命最大的温柔

01

前段时间我报了一个培训班，课程的内容温暖、治愈，让我想起了二十几岁的时候，那段极度偏执的"悲催时光"。

虽然把自己的痛苦说出来很难受，就像撕掉痂，可我还是要以自己为反面教材，告诉身边的朋友，接受自己的"不完美"是多么重要！

我出生在农村，父母生养了三个孩子。小时候，每天放学，班里的男同学就追着我喊："超生游击队，超生游击队！"我当时没有反击，只是眼圈都憋红了，感觉羞愧难当。生平第一次埋怨父母："为什么生三个孩子，让我受这份屈辱？"后来我到大城市去求学，每次和别人谈到家庭，都带着深深的自卑，心里想：同学们一定会瞧不起我的！我甚至都不敢谈恋爱，因为怕对方因为我的家庭，不喜欢我。

别笑，我当时真的是在这种偏执和自卑的笼罩下走过来的。

02

工作以后，我进了金融圈，身边人的家庭条件都不错，我为了让同事瞧得起，犯了一个至今都感到后悔的错误——我隐匿了自己真实的家庭情况。

我想也许这样就不那么自卑了，也许我会快乐一点儿。我因为自卑总觉得自己是不值得被爱的人，恋爱时从不考虑自己的感受，一味地付出，以为这样对方就会更珍惜我。

事实恰恰相反，撒谎之后，我内心感觉更痛苦了。活得不真实，这个世界上没有比这更可悲、更愚蠢的事了。说谎后，自己时常会感到不安，生怕一时疏忽就会暴露隐藏已久的秘密。最后把自己搞得身心俱疲。

更可怕的是，一个说谎的人很难对自己产生好感，如果自己对自己都没有好感，那么不管做什么，都很难坚持下去。我们的所言、所行、所想都会像回力棒一样，最终回到自己身上。如果你骗人，你就一定会被别人骗。

黛比·福特在《接纳不完美的自己》这本书里说过："其实每个人都有不完美的地方，于是，我们不惜代价，竭力装成人人喜欢的好人，活得很累。"

为此我也吃尽了苦头，在感情的路上，我遇到的都是不爱我的人和欺骗我的人。

同事们知道我的家庭情况后，不仅没有瞧不起我，还处处帮助我，让我至今都心怀感激，这个经历变成了一个很温暖的故事。但我知道，信任已被我破坏，于是我主动和好友说出自己的虚荣和自卑，花了很久的时间才慢慢挽回了我们之间的关系。

我现在可以很从容地向朋友袒露自己真实的内心了。小时候我过于敏感，因别人的一句"超生游击队"而埋下了一颗自卑的种子，以致于长期对自己的出身感到自卑，心里充满了纠结、痛苦与偏执。在这种不爱自己、不接纳自己的情绪下，我吸引的都是不爱自己的人。

所以我一路的坎坷和艰辛都是必然的，不过现在通过学习，我明白了一个道理：我必须为自己的人生负全责。

03

如果我们不希望失去别人对自己的信任，就要立志成为正直、善良的人，千万不要虚伪地活着。

越是愚蠢的人，就越容易伪装。

　　我们伪装是想掩饰自己内心的自卑与恐惧，我们惧怕亮出"真实"的自己后不被爱或无法成功。我们用谎言来掩饰真相，而掩饰的结果通常是，恐惧增加。我们只能选择再次说谎，掩饰我们更深的恐惧。一次又一次，导致恶性循环，为了圆谎而继续说谎。可是，我们总有内心不堪重负的那一天，因为我们活得很虚伪，时刻感到不快乐、不真实。

　　要打破这种局面，唯有保持沉静的内心，永远用真实来面对这个世界，真正地接纳自己，一点一点地拾回我们内心的纯净。

　　接纳自己，不仅仅是接纳那个表面的自己，更要认识那个藏在黑暗角落里不肯抬头的自己。因为只有认识了全部的自己，你才能在面对事情的时候，趋利避害，做出最好的选择。

　　相信我，爱自己，永远用真实面对一切，接受自己的一切，你才会拥有由内而外散发的"好感觉"，拥有顺遂的人生。

　　感谢那段黑暗的日子，让我深深体会到了光明磊落带给我的踏实、顺心与美好。

第三章

在 对 的 时 间
遇 见 对 的 人

世界这么大，总会有人欣赏你

01

我认识的同龄人中，有一个有趣的姑娘。

她身高167厘米，体重不过百，常年保持健身习惯，身材修长。她喜欢夸张的唇色和复古的造型，常常外拍，喜欢在社交网络上上传自己唱歌跳舞的照片，形象、气质俱佳，因此被很多人称作女神。

她的每一张演出照或者外拍照的下面，总是有很多粉丝给她留言，向她请教如何保持肌肤的白嫩和身材的健美。她有时会回复，答案也很简单：保持运动。

很多人留下了"羡慕嫉妒恨"的表情，当然膜拜她的人也不在少数。但她总是很淡定，默默地做着自己喜欢的事，既能在舞台上高歌艳舞，在镜头前摆一些高贵或活泼的姿势，又能静静地在家里做做女红、练练厨艺。

很多人不理解她，认为 Hold（把握、控制）不住她，她也不苦恼。

"世界这么大，总会有人欣赏我。"她这样告诉我。

即使她在所有人眼里都是女神，但在我眼里，她只是邻家的一个小姐姐。

我认识她的时候，她刚刚失恋。那个时候的她，低落、悲伤，像一只无助的小猫，窝在角落里独自疗养着情伤。

她是一个很简单的女孩，爱上一个人就对他掏心掏肺地好，但是感情总是不顺。于是她就对自己狠，跑步、健身、跆拳道……一次次的厮打和一滴滴的汗水练就了她强健的身体，也锻炼了她强大的内心。

我看着她一点点地变瘦、变美。身材越来越好的她，开始穿着性感高贵的礼服，将自己展示在聚光灯下。舞台上的她，照片里的她，一颦一笑，尽显自信和魅力。我很高兴她变得那么好。她值得别人对她夸赞。

她很努力。

人们只看到她在舞台上涂着烈焰红唇、扭动腰肢，却没有看到舞台下的她，每天挥汗如雨地健身，那都是实实在在的辛苦。她的外表一天比一天更有女人味，但是内心却渐渐地更加坚强、独立。

闲暇的时候，她也严格自律。不熬夜、不泡吧，从来不把自己的美貌当作换取物质的筹码。她喜欢绣花、练字、烤饼干、看电影，算得上是一个"宅女"。

我不会嫉妒她，因为只有像她这么努力的女人，才值得拥有这样的好身材，才值得在华美的聚光灯下展现自己的风采，值得让所有人称赞她的美丽。

有些女人，你看到她们的时候，她们总是很美丽、很动人。她们身材曼妙，脸蛋精致，举止大方得体，品位高雅，她们获得的一切好像都是天生的。让人羡慕、嫉妒老天给了她们世上所有的好东西。

若是说这些女人有什么相似之处，就是光鲜亮丽的她们，从来不会让你看到她们自己辛苦狼狈的一面，或者说，作为观众的我们，自动忽略了她们成为女神的过程中付出的汗水和努力。

02

有一次，我去日本旅游，在飞机上遇到了一个很有知性风范的女人。她的皮肤护理得极好，眼角也鲜有细纹，就连最容易被人忽略的耳后皮肤也白皙光滑。单看皮肤状况，她和二十岁出头的女生无异。

但是她淡定的眼神、处变不惊的态度让我觉得她应该已经三十多岁了。果然，拿过名片一看，她已经是北京某时尚杂志的主编了，这次是来日本采风兼休假的。

我仔细打量了一下她的穿着，很简单，和我想象中的时尚女魔头的造型一点都不同，没有非常吸引眼球，而是让人觉得舒服和容易接近。

我委婉地表达了这个意思。

她问："你是不是以为所有的时尚编辑都要打扮得和电影《穿普拉达的女王》里的女王一样？"

我不好意思地点了点头。

她说："其实很多人都是这么想的，但是你想知道真正的时尚是什么吗？"

我很好奇，请她讲给我听。

"其实，一个人最大的时尚就是自己的气质。"

"所有的衣衫、化妆品，只能给你的气质加分。本身的气质好，不需要多少打扮，就能够让你大方得体。但若是气质猥琐，纵使穿着再高贵的品牌都会像是假货，涂抹再贵重的化妆品都会有风尘气。"

"在过去的欧洲，贵族为了和下层人民区分开来，会故意将自己使用的语言进行一些改造。维多利亚说着一口高贵的伦敦音，就是一种通过语言的改造将上层社会独立区分出来的方法。广大民众都喜欢模仿贵族的打扮，其实并不是贵族的打扮有多么时尚，他们只是希望模仿贵族那种高贵的气质。"

"但是广大民众终究不是贵族，勉强模仿，也只会学得四不像。所以暴发户一直是被贵族所不齿的一群人，他们虽然有一点钱，但是气质粗鄙。真正的贵族气质，是文化环境和习惯熏陶出来的，是无法依靠外在的模仿而获得的。"

"所以，很多经典的美人，比如玛丽莲·梦露、奥黛丽·赫本或是林青霞、王祖贤，人们只看到她们的经典造型，学梦露扬裙角，学赫本穿香奈儿小礼服，或是学林青霞画英气的粗眉。但是这些模仿者都没有发现，这种外在的表象只是这些美人内在气质的体现罢了。"

"要成为性感女神，哪怕是一个普通的微笑，梦露都需要对着镜子进行无数次的练习，才能够让自己的笑容无论从哪一个角度来看，都是完美诱人的。内在没有这种浑然天成的性感，就算下水道的蒸汽把裙子掀得再高，都不过是一个在人前哗众取宠的小丑罢了。"

"人们永远不会在意你付出了多少的努力，他们只会看到你人前的光辉，觉得你获得的一切成就都是从天而降的。"

　　"我刚开始做编辑的时候，也是一个什么都不懂的小姑娘。当时觉得时尚界很好玩，又有很多好看的衣服穿，很能够满足自己的虚荣心。但是，真正把时尚当成工作之后，才发现一切都不是那么简单。漂亮光鲜的时尚大片不会从天而降。从最开始的确定选题，到找服装、找模特、确定场地、拍摄、定稿等，每一个环节都是一个独立的考验。"

　　"我曾经穿着高跟鞋、抱着一大堆衣服在三四十摄氏度的夏天满城市地跑。我曾经为了一张底片在发39℃高烧的时候从中国的北边飞到南边。我曾经一个月每天只睡不到四个小时，只为做一个专题，但是最后还是没有通过。"

　　"时尚编辑就是这样的一种工作，将光鲜好看的时尚肢解成一个个现实的元素，再将它们组合起来，送到读者们的眼前。"

　　"因为这个工作，我也第一次开始考虑究竟什么才是真正的时尚。生活中的时尚教主、时尚女魔头，私底下其实也是普通人，但是他们知道自己的气质和特点，会通过打扮将自己原有的气质凸显出来。他们的打扮各有特色，但是每一个都不会过火。他们知道最重要的是自己的气场，装饰只是辅助而已。"

　　"所以，当你觉得自己不用考虑任何时尚元素也能够镇住全场的时候，你就拥有真正的时尚品位了。"

　　编辑说完这番话之后，我突然发现，即使在飞机上，她还是整整齐齐地穿着一双黑色的过膝高跟皮靴。因为穿着短裙，她就将左腿搁在右腿上，双腿优雅地倾斜着。那一刻，我大概知道她为什么能够当上时尚杂志的主编了。

03

十八岁开始，女孩成熟的美丽绽放开。二十多岁的女孩，因为正值青春，因为丰富的胶原蛋白，像是盛开的鲜花，都很美丽。但是这种美丽是一种原生的美丽，像露珠一样，随时随地都会消散在清晨的阳光下。

真正能被称得上有女人味的女人，还要在二十五岁或是三十岁以后的女人中找，而且，这些女人往往在年轻时并不出众。这些从未被称作美女的女人，却能够随着岁月的积淀，成为真正的女神。

女人味并不是天生就有的。年轻的女孩又萌又可爱，但这种状态抵抗不了岁月的侵蚀。

赫本息影之后投身慈善，她抱着非洲孩童时的模样，让人感到了圣母一样的光辉。

一个女人，能够意识到并且运用自己的女人味，往往需要经历很多的困难和磨练，才会渐渐地找到自己最强的武器——外表比女人还要女人的人，内心会强大到比男人还男人。

年轻时拥有美丽容颜的女人，往往在自己的容貌上获得自信。因为容貌，她们拥有足够多的赞美和追求，多到足够让她们高枕无忧到老去。终于有一天，岁月在不知不觉中夺去了她们的美丽和鲜活，到这个时候，除了咒骂岁月是个小偷之外，别无他法。

世界上永远不缺更年轻的女孩、更鲜活的脸庞，总有一天，曾经的校花成了明日黄花，旧时的姣好容颜只能在照片和记忆中寻觅。

但是，那些努力的女孩，即使在年轻的时候，容颜没有被大众认可，即使生活中默默无闻，她们还是一点一点地学习怎么让自己变得更漂亮，更优秀，更有内涵。

唯一能够应对时间流逝的方法就是对自身能力的积累。终有一天，她们能够变成她们梦想中的样子，只要她们坚持，只要她们足够努力。

当你真正成功的时候，没有人会在意你当时是多么狼狈不堪地一路摸爬滚打过来的，人们只会看到你展示在人前的美丽和自信，崇拜甚至嫉妒你的好运。但只有你自己知道，这一路走来，你流过多少汗水，受过多少委屈，心里曾经有多痛。

这个世界上，别人不会在意你有多努力，所以，你更要对得起你自己。

让我带你看看我的世界

01

有个闺密，最近刚刚跟男友分手。

她泪眼婆娑地追问男友："我把你当成我的全世界，你为什么要抛弃我？"

男友明确又决绝地回答："因为我不想再当你的世界了，你应该有自己的生活。"

当初男友带给她的甜蜜、依赖和无条件的信任，最终变成厌恶、淡漠和对独立世界的向往。她欲哭无泪，不知道为什么会这样。

当爱着一个人的时候，我们很容易陷入"你是我的全世界"的误区。我们常常以爱的名义胁迫对方："你是我的全世界，所以你要无条件地接受我的猜疑、任性和矫情。"

至于对方的自由、喜好和隐私，我们将之视为进驻对方世界的绊脚石，毫不留情地摧毁了。

你说："可是我也放弃了那么多呀！"

那又怎么样呢，如果对方不稀罕，那就只是你的一厢情愿。

你为他辞掉了工作，每天在家给他做饭，可他只想下班后跟你吃点路边摊的风味。

你像个唉声叹气的怨妇，第三次打电话给他："饭都热了三次了，你怎么还不回来？"

他却在路边摊徘徊着，一边咽口水，一边悻悻地说："这就回去，这就回去。"

最可怕的是，你根本不懂他的世界，却在他的世界里添花种草，并按照自己的审美修修剪剪，还期待他感恩戴德，这怎么可能呢。最悲惨的是，你发现在他的世界里不受欢迎，而自己的家园也早已一片荒芜。

你爱他，就应该真心实意地付出爱，而不是靠爱一个人来寄托自己。

爱带给我们的勇气，永远不是牺牲所有、孤注一掷，而是因为有另一个人的存在，让你更加珍惜自己的世界，最终彼此都能成为最好的自己。

02

再讲一个获得圆满结局的爱情故事。

还是一位闺密，因为男友工作调动，她放弃了国内待遇优渥的工作，背井离乡，随男友去了德国。

一开始语言不通，别说工作，就连日常的买菜、交水电费等小事她都无法自己解决。

她曾在深夜打电话向我倾诉，而我听到了她无助的哭声。她像是一只被捏住了肚子连嚎叫都无力的猫。

后来，在短短一个月内，她自学了基本的德语，每天强迫自己出门，操着不标准的发音，厚着脸皮在街上、商店、菜场、学校、公园等场所，跟一切能够对话的人聊天。

渐渐地，那种能够掌控生活的力量又回到了她身上，她开始出入图书馆，了解这个国家的风俗习惯和历史文化；她开始参加各种邻里之间的小聚会，跟主妇们一起讨论园艺、厨艺和教育；她开始试着投出简历，不到一年时间，就应聘到一所小学教汉语。

男友也曾埋怨自己不够体贴，让她陷入了巨大的落差中，甚至提出陪她适应了这里的环境后再去工作。而她的回答总是让男友惊喜："我知道你爱我，我也一样，但是我们需要有自己的生活，我会适应的。"

于是男友安心且努力地投入到了工作中。没过多久，他们就在异国他乡打拼出了一个属于自己的家。

03

在感情中，你可以为对方放弃很多东西，但千万不要为了任何人放弃你的世界。

你的生机和活力，你的骄傲和自信，你成长的机会和意愿，你微笑时候毫不掩饰的小虎牙，你没心没肺的笑声……这一切构成了一个完整的原本的你。

你在无助中慢慢坚强，在孤独中学会谅解，在爱中懂得宽容，都不是为了美化其他人，而是为了给自己的世界增光添彩，让它万花盛放，让它阳光明媚，让它一片生机。

只有你的世界足够好，才能和另外一个世界的人平等对话。

最后，那位失恋的姑娘，希望你遇到下一段爱情时，可以带着自信的微笑伸出手邀请对方，说出这世界上最美好的情话："来，我带你看看我的世界。"

和聊得来的人在一起

01

和君君喝下午茶，她说，她发现自己的男朋友其实并不在乎自己。

心情不好的时候，君君特别想找个人聊聊天，排遣一下心中的苦闷，她给男朋友打电话，男朋友却总是推说自己有事要忙，往往还没说上两句话就把电话挂了，发过去的消息，也要等上很久才会有回应。

约会的时候，男朋友经常闷着头玩手机，对她不理不睬，就像把她当作透明人一样。君君大概估算了一下，有时候他们一天说的话都不超过十句。她感觉自己是在和空气谈恋爱，完全没有从男朋友那里得到应有的重视。

前几天，两人因为一点儿小事闹了矛盾，男朋友二话不说扭头就要走，君君气得对着他嚷嚷："你和我在一起永远都是无话可说！"

"如今我才发现，找一个能聊得来的伴侣实在太重要了。虽然男朋友愿意把信用卡给我随便刷，每逢节日也会给我送礼物什么的，但我还是希望他可以抽出时间陪我说说话。"君君无奈地说。

相信没有一个姑娘不希望自己的男朋友能够时时刻刻体察自己的处境和心情。如果对方从来不关注你的情感需求，不愿意好好沟通，总是让你在这段关系中感觉被忽略，那可能是对方爱你爱得不够深。

02

在这个世界上，有多少感情是毁于"无言以对"这四个字的。

很多伴侣平时的话并不多，总以为这是热恋过后的常态，所以从来没有正视过他们之间存在的问题。其实，彼此之间一旦缺乏了最基本的沟通，这段关系往往是难以持久下去的。

前些年，公司组织旅游，允许员工带上家属，同事欧哥带了老婆和孩子一同前往。逛景点时，欧哥总是抱着儿子自顾自地走在前面，而妻子则在后面不紧不慢地跟着。乘车的时候，夫妻二人也是在座位上各自忙自己的事情，彼此之间没有任何亲密的互动。在外人看来，两个人完全没有一对夫妻该有的表现。

上周，无意间听到同事说欧哥离婚了，原因是欧哥的妻子屡屡抱怨与他难以沟通，两人无法生活在同一频道上，只好分道扬镳。

夫妻之间一旦缺少了沟通，彼此之间的亲密关系就很容易疏远了，最终就可能成为两个毫不相干的过客。

一辈子太长，一定要找个聊得来的人在一起。

当你遭遇了烦心事，他会贴心地开解你，替你摆平一切不如意。

当你生病的时候，他会对你嘘寒问暖，让你心里稍稍好受一点儿。

当你感到失意无助时，他充满善意的鼓励和拥抱，瞬间就会扫除你身上所有的负能量。

有他在的日子里，你的生活绝无冷场，永远谈笑风生，心里装着满满的乐观和暖意。

03

有一次，和几个朋友聊天，哆哆说今年是她和男朋友相恋的第五年，他们的感情一直很好。她每天临睡前都要和男朋友煲电话粥，互道晚安，有时候聊得兴起，说上一个通宵也是常有的事儿。我们问她，你们都在一起那么多年了，怎么还有那么多话可说啊？她满脸惊诧地反问我们："如果和他一点儿共同话题都没有，我们还能顺利走到今天吗？"

那一刻，我们一桌人顿时无言以对。是啊，你若是深爱一个人，总会愿意跟他说上好多好多的话，哪怕是一些无关紧要的废话，也一定会乐此不疲地和对方聊下去的。

在一段好的感情里，两个人永远都是舒服自在的。你能适时地看透我心里的想法，我也能明白你说出的每句话的深意。你抛给我的每一个话题，我都有接着说下去的欲望。两人无论聊上多久，都不会觉得腻。

如果双方缺乏了最起码的沟通，导致好些话埋在心里太久，很容易会形成积怨。遇到问题时，勇敢地同对方说出内心真实的想法，比一言不发要强得多。要知道，语言从来都是感情交流的基础。

爱一个人，就是愿意待在他的身边，与他说上一辈子的情话。

你，找到那个和你聊得来的人了吗？

自己是对的状态，才会吸引对的人

01

面对爱情这道亘古不变的人生考题，无论是贩夫走卒还是达官贵族，无论是相貌平凡还是容颜出众，能毫发无伤地通过爱情考验的，真是寥寥无几！

我承认我是爱情的"留级生"。我知道如果我不彻底攻破独立自主这个人生课题，我可能会被爱情一直放逐到天际！很多学习"吸引力法则"的人，会以正面思考的方法，一直下着"完美爱人"的订单。

可问题来了，即使我们很成功地遇见了心仪的完美爱人，我们懂得如何相处、如何守住吗？

有了完美爱人就一劳永逸了吗？当然不，我们甚至发现完美爱人会让人加倍感到孤单、空虚，让人没有安全感……

02

不要以为有了爱情，人生就圆满了，刚好相反，往往是等到爱情出现时，人生的课题才真正开始。

股神巴菲特说："当大浪退去时，我们才知道谁在裸泳。"同理，当爱情甜蜜的糖衣蜕去，你是甜蜜还是苦涩才会一一现形！

我很欣赏刘若英的一段话："这么多年我都是一个人过来的。大概在三十几岁的时候，我有一阵子特别想结婚，但是过了三十五岁，结婚的念头就很淡了——反正也这个年纪了，急也没用，索性好好挑挑。

"慢慢地，我一个人可以去做很多事情：逛街，看电影，喝咖啡……有一天我在家里，给自己煮了很好吃的牛肉面，配上新鲜的蔬菜，坐在被阳光包围着的餐桌前细细品尝。我突然觉得，一个人的生活，真的也很不错嘛，就让我这样自己过一辈子，也没什么不可以。"

"也许正是因为我将单身生活打理得很好，结婚的念头不是那么迫切，所以在和钟石恋爱之后，我给了他很大的空间——我不会一天给他打很多电话，问他在做什么，和谁在一起；我不会像个小女孩一样，凡事依赖他，要他陪着我。"

正是这份独立，让刘若英过了爱情这一关！欣频老师总结得更灵性、更棒：爱情是用来检验自己是否完整的最好的测试纸，如果你不论在恋爱或是在没恋爱的状态下都没有痛苦，那表示你已经彻底完整了。如果你能做到有或没有爱情都没有差别，那么就表示爱情的课题过关了。

03

面对爱情的问题，重要的往往不是解决方法，而是你有什么样的心态。爱情，其实大家都失败过，真的不要把爱情当成生活的全部。

最好的爱情就是跟这个人在一起，让自己变得越来越好。你跟他在一起，能始终觉得双方都在变好。他陪着你的时候，你从没羡慕过其他人。

一起变好的前提是：你是独立的，你不会把自己的生活建立在他的身上，你还有时间去做很多其他有意义的事情。爱情好比西瓜，而幸福从来不是一个孤零零的西瓜，它是桃子、苹果等许多水果组成的大果盘，什么都得有。当你有了很多水果，你就不会只守着这个西瓜了。这样既给了对方自由，也给了自己空气。

无论与谁一起生活，有一项本能绝不能丢：明白自己的快乐与兴趣所在，并且永远挤出一点时间与它们相处。只有自己在对的状态，我们才会吸引对的人。

找一个爱你缺点的人有多重要

01

昨天晚上，小琦打电话向我抱怨，说她简直要被一个追求者给气死了。

情绪渐渐平复后她说，有个追求者，这段时间对她发起了猛烈攻势，自己对他其实也有点儿倾心。每次同他出去约会，她也会精心打扮一番，让自己看起来更有魅力。

最近的一个周末，这个男生约了小琦去海边玩。因为要下水，小琦特地卸了妆。然后，她就感觉男生看她的眼神似乎怪怪的，一整天下来话也没多说几句。那天回去之后，男生就再也没有找过她，还经常对身边的朋友提起小琦卸妆后的样子。

小琦听了那样的话，心里当然不好受。庆幸的是，这一次游玩，让小琦彻底看清楚了这个男生的"真心"。她说以后找对象，再也不会看他的硬件条件有多好，也不会看究竟能不能聊得来，只会看他能不能接受自己素颜。

如果一个男人对你的容貌都百般嫌弃，你还能指望他会陪你走过漫长的余生吗？

02

最近和大牛喝酒，他一脸愁容地跟我诉苦。

他记得自己刚开始追求女朋友乐乐的时候，女朋友的形象在他的心目中几乎是满分。随着与女朋友相处时间的增多，大牛发现了她身上很多的缺点。他觉得女朋友和以前的形象相差太远了，特别情绪化，而且还不听人劝，遇事喜欢自作主张。前两天，两人还因为订生日蛋糕的事大吵了一架，到现在还互不理睬。

我不止一次听身边的人提到，跟伴侣相处起来感觉很累，实在忍受不了对方的缺点，心里已经有了分手的打算。可是我想说的是，即便再换100个对象，你还是会面临同样的问题。

要知道，女孩子只有在亲近和信任的人面前，才会毫不避讳地展示自己最真实的一面，因为她们相信，如果对方足够在乎自己，那么一定不会轻易离开。

世上本无完人，与其一味地嫌弃对方的缺点，不如尝试着去理解对方。毕竟，我们本身也不是一个毫无瑕疵的人，有什么资格去挑剔对方呢？

03

电视剧《欢乐颂2》中，小包总这个角色让我印象深刻，感觉他就是一个"行走的荷尔蒙"，让任何女人都难以抗拒。

有人认为，安迪之所以会接受小包总，是因为奇点让她觉得自己有病，老谭则是努力让她觉得自己没有病，而小包总呢，他让安迪觉得全世界都有病。

这虽然只是句玩笑话，但细想之下也不无道理。

爱一个人，就应该爱他的全部。如果接受不了他不完美的一面，那也不配得到他最好的相待。

前阵子因为工作要搜集一些资料，特地去拜访了一位作家前辈，一进门就感觉他们家里的气氛特别和谐。

前辈的老伴笑着向我问好。在给我倒茶时，她不小心打碎了一只杯子，被一旁的前辈轻声唠叨了几句。

忙完工作以后，我和前辈坐在沙发上聊天。看着墙上到处挂着前辈和老伴在各个时期的合照，我对他说："看得出来，您和您的妻子相当恩爱，能不能说说您们的相处之道？"

前辈说以前他们两人都年轻气盛，一闹起矛盾来，谁都不愿意让着谁，也曾经想过不再和对方过下去了。但慢慢地，他觉得老是为了一点儿小事而吵吵闹闹，也挺没意思的。

前辈喝了一口茶说："我这老伴啊，记性不好，做起事来也特别马虎，做菜经常忘了放盐。该说的也说过了，可她就是改不过来，那能怎么办？难道日子就不过了？不能够吧。后来，我也发现了，与其纠结对方身上的缺点，倒不如学会与它们和谐地相处。其实啊，夫妻之间，包容很重要。"

这些年来，前辈夫妻俩见证着彼此的变化，也足够了解对方身上那些大大小小的优点和缺点，而他们却从来没有想过要把对方改造成自己喜欢的模样，而是相携着，走过了人生那么多的风风雨雨。

大概，这就是最好的爱情吧。

04

蔡康永说过："如果要爱，我必须爱一个真实的人。意思是这个人有缺点有弱点，会欺骗会犯错，会病痛会死掉。如果我爱了这个人，我只有整个人都爱，不是因为我昏昧，也不是因为我倔强，是因为，这是我唯一相信的爱的方法。如果我只爱了这个人美好的一面，我心里会知道，其实这次我没有真的爱。"

我们都是平凡人，身上难免有很多不足的地方，但我们更希望的是，身边的另一半不只是抓着我们的缺点不放，费尽心思地挑剔我们的各种不是，而是能够发自内心地去珍惜这个并不完美的自己。

对于伴侣而言，这是最起码的包容和尊重。

一个理想的爱人，一定不会想着去改变你原本的模样。他（她）只会悉心地照看着你，让你从容地做自己。

欣赏你优点的人固然很多，但是能够毫无条件地迁就你的情绪，包容你身上所有缺点的那个人，才一定是真的爱你的人。

唯独爱，只有在爱中才能得到

01

邹小姐第八次相亲无果后，拖着我去书店，挑了一大堆书。她脸上透着无奈与不甘，咬牙切齿地说："是我见识浅，居然不知道司汤达是谁，一点也听不懂，一句话也不敢接，让人家觉得无聊了。唉，真是好丢人！"

她的手抚在世界名著《红与黑》暗红色烫金的封面上，摇摇头并叹了一口气，接着说："是我自己不够好，配不上人家清华才子。看来啊，今后不管多忙都要多读书，先将自己升级为女神，才能找到更优秀的人。"

从这以后，邹小姐开始深居简出，除了日常上班、健身，周末逛逛图书馆，其他时间都很少露面。就连在微信的朋友圈里，她也不活跃，十天半月都不见说一句话。

身边的朋友给她介绍对象时，她期盼的神情中总是带着一丝犹豫和不自信。

"最近吃了几顿自助餐，变胖了，等我加大运动量瘦下来再说。"

"我现在厨艺还不够好，让我再练练手吧。毕竟，会做饭的姑娘也能给对方增加印象分。"

"我还没学会插花呢，等我学会了也好给对方一个惊喜，还是先等等吧。"

她努力让自己变成更好的人，每天都小心翼翼，生怕有一点不够好，配不上老天即将给她安排的那个伴侣。

单身的日子里，她学会了布置房间，学会了做各种菜系的菜，学会了插花，学会了欣赏歌剧，甚至还学会了几门外语。她过得有声有色，已然是个足够优秀的女人。

02

没多久，爱情迎面而来。邹小姐在学拉丁舞的时候认识了他，她欣赏他的开朗体贴和风趣幽默，而他喜欢她优美的身姿和文雅内敛的气质。每次提起他，邹小姐的脸上都会浮上一抹如水蜜桃般的甜美微笑。

可是，在一次聚会上，他当着一众朋友的面向邹小姐表白时，邹小姐却拒绝了他。他挂不住面子，沉下声音问："你之前说喜欢我，难道都是开玩笑，逗我玩？"

邹小姐急切地摇着头，险些落下泪来："不是的，我是真心喜欢你，只是我觉得自己还不够好。"

他说："你足够好了，即便你有缺点，我也不嫌弃。"

邹小姐答得飞快："可是我嫌弃自己，我还不配站在你身边，我不知道该怎样去爱一个人，对不起。"她逃亡似的跑掉了，留下一帮人愣在原地。

他举了举杯，自嘲地苦笑一声："原来现在的美女是这么发'好人卡'的，我也算长见识了。"

过了好几个月，我跟邹小姐一起逛街的时候看到他，他的臂弯里已经挽了另外一个姑娘，巧笑倩兮，撒着娇在跟他说着什么。他回应给那姑娘一个大大的笑容，并伸出手刮了一下她的鼻子。

邹小姐愣在原地，呆呆地看着他们从自己身边走过去。良久，她低下头，隐隐带着颤音对我说："你看，我说吧，我确实配不上他，连撒个娇都不会，怎么能留住他的心？当初他也就是一时心动才喜欢我，相处久了肯定会厌烦的。"

我看到她眼中的不舍和悲伤，这才反应过来，当初她该是很喜欢这个男人的吧。正是因为喜欢而生出更多的不自信，担心不能长长久久地走下去，所以连最初的牵手都不敢答应。

不知道这一遭，又会带给她怎样的改变。不知道她会不会去买许多教人"如何去爱一个人""如何被一个人爱"那类爱情指导书，或者跟周围谈着恋爱、结了婚的朋友讨教，然后像从前的很多次相亲一样，仔细留意，认真琢磨，直至足够自信且掌握了爱人和被人爱的新技能，再雄心满满地上路。不知道，她还要准备多久。

03

我很喜欢《小王子》中的一段话："我的那朵玫瑰，别人会以为她和你们一样，但她单独一朵就胜过你们全部，因为她是我浇灌的，因为她是我放在花罩中的，因为她是我用屏风保护起来的，因为她身上的毛毛虫是我除掉的，因为我倾听过她的哀怨，她的吹嘘，甚至是她的沉默，因为她是我的玫瑰。"

他的玫瑰不是最美的，他的玫瑰很任性，他的玫瑰有很多缺点，这个世界上也许有无数朵跟她类似的玫瑰。可唯独这一朵，却因为他付出过爱，才能让他感受到爱。

这世界多么奇妙，你可以在娱乐八卦中得到知识，可以凭借网络教程学会技能，可以跟别人讨教生活方式。可唯独爱，只有在爱中才能得到。

你学会跟自己独处，将一个人的日子过得精致，可是就像电影《白兔糖》里的那句台词："不管多么努力，只靠自己的话，是不会变得强大的。"我们可以在一个人的修炼中变得坚强，也需要在两个人的磨合里学会柔软。爱情也许会让你失望、悲伤甚至痛不欲生，可它也会给你带来不可复制的成长。

在付出中学会如何爱一个人，在得到中学会更好地爱自己。这是一门不管看多少书，问多少人，思考过多少次，都学不会的课程。

不是每个人都有作家铁凝那样的运气和机遇，即便是到了五十岁依然能够遇到"我未嫁，君未娶"的华生。大多数的人都在无数次错过中老去，在许多个午夜梦回之际只能偷偷地想"如果当初勇敢地去爱、去接受，会不会有不一样的结局"？

你等着让自己慢慢变好，变得更加优秀，可你怎么能够确定你中意的那个人也会做出和你一样的选择？恋爱中的争夺不是睡美人最终等到了王子，而是王子在漫长的旅途中就已经迷上邻国美丽的公主，而你在这厢矜持地痴痴地等着，纵使把自己睡成一朵花也等不到。

所以，别等到自己日趋完美，再期盼那个男人从天而降。遇到那个男人之前，你一直都不是最好，因为爱是打磨你最好的刀，未曾经历爱，你就只会是个半成品。

在爱中学会撒娇，在爱中学会取舍退让、学会接受现实。明白这世间没有两个完美的人的结合，只有两个不够完美的人，穷尽一生相互打磨；明白这世界上没有为婚姻和爱情做好的"万全准备"，只有两个刚刚上路的新手，一边斗志昂扬地前进，一边小心翼翼地磨合。

你认为，等你慢慢成长，等你细细梳妆，等你给裙面镶满水钻，等你变成一个公主，才会遇到真爱。恰恰相反，其实是真爱一直在等你，只要你勇敢追寻，它随时都会出现。不如跟着你中意的那个人一路前行，说说笑笑，吵吵闹闹，纵使鞋上沾染了灰尘，或是被荆棘刮破了裙边，你也依然美丽动人。

在最美的年华与最爱的人并肩同行，就已是莫大的运气，即便不能白头偕老，也好过一个人怀揣着不甘在时光中慢慢煎熬。最可怕的是，在这种煎熬中，你会逐渐丢失去爱另一个人的能力。即便你成为这世上最优秀的人，你也等不到能够让你心动的人了。

当你把自己打扮得漂漂亮亮，准备寻找心爱的人时，却发现身边的人已经过去一波又一波，只剩下远远的背影，而你只能低头看看自己的裙摆，若有所思地说一句："哦，是因为我还不够好啊。"

你，真的愿意变成这样吗？

真正在乎你的人不会让你等太久

01

前几天和小沫吃了顿饭，她跟我说了些最近遭遇的感情烦恼。

她和男朋友相识于一次公众号的线下观影活动。那天看的电影是《春娇救志明》，当时男孩就坐在她旁边，两人一边看电影一边聊着剧情，居然有种相见恨晚的感觉，离开时互相加了微信，说好要保持联系。

那天之后，男孩每天都会准时给小沫发送早安晚安，也会经常打电话跟她聊天。这一来一回，慢慢地就"聊"出感情来了，没过多久两人就确定了关系。小沫说，自己寻寻觅觅了好些日子，终于找到了那个属于她的"张志明"。

可是小沫发现，自从男朋友成功追到她之后，态度就变得越来越冷淡，平时信息很少回复，见面的频率也减少了。

最近，男朋友对小沫说自己在负责公司的一个大项目，比较忙，可能要好长时间不能陪她了。好几次小沫给他打去电话，都被他挂断了，之后也没有回拨过来。哪怕是节假日，小沫也只能一个人待在家里无聊地刷朋友圈。她羡慕身边那些有恋人陪伴的朋友，而自己虽然名义上有一个男朋友，可他却从来没有尽到过做男朋友的本分。在她最需要他的时候，他也没能赶到身旁好好地陪陪自己。

最近每天晚上临睡之前，小沫都会习惯性地打开微信，看看男朋友有没有给她发来消息，可每一次都会感觉到一阵难以名状的失落。

小沫问我，这段感情到底还该不该继续？

一个人喜不喜欢你，对你是否上心，我相信你一定可以感受到的。

所以不要欺骗自己了，真正在乎你的人，怎么会舍得让你等太久？

02

朋友大力说，最近他喜欢上了一个叫丹丹的女孩。

他和丹丹是在朋友的生日聚会上认识的，从那儿以后两人的生活开始有了交集。

　　每次丹丹遇上什么事情，都会第一时间想到大力：和朋友逛街逛累了，会打电话让大力开车去接她；搬宿舍的时候，把大力当"苦力"随意差遣；和男朋友吵架了，心情不好，又会拉着大力听她倾吐心事。

　　大力把丹丹的微信号在通讯录里设了置顶，这样她发来消息时，自己才能够第一时间看到并且回复。他连睡觉也抱着手机，生怕漏掉丹丹的来电和消息。

　　大力明明知道丹丹有对象，却从不介意，一直默默地充当着护花使者。

　　人一旦喜欢上一个人，只会想着为对方付出，从来不会去计较任何得失。

　　因为大力不求回报地对自己好，丹丹渐渐习以为常。有时候，她非但不领情，还对大力说过不少过分的话。

　　每当这时，大力就会陷入焦虑之中，反问自己这么毫无保留地对丹丹好，真的值得吗？

　　每次当他快要放弃的时候，丹丹又会适时地给他一点儿甜头，让他的内心再次燃起希望。

　　永远给他留一丝期待，却永远不让他追求到手。丹丹用这一招把大力治得服服帖帖的，让他心甘情愿地为自己当牛做马。

　　所有的备胎心里面都有一个特别天真的想法：只要全心全意地为对方付出，对方有朝一日肯定会被自己感动。他们深信，自己一定会熬到"上位"的那天。

　　我对大力说，在这段关系中，你甘愿把自己放在一个卑微的位置，只懂得一味地傻傻付出。久而久之，对方就会形成一种惯性思维，把你对她的好当作理所当然，对你所有的付出都视而不见。

　　所以，你永远无法感动一个不爱你的人，就如同你无法叫醒一个装睡的人。

03

　　你有被在乎的人冷淡对待过吗？

　　当有一天遇上那些让我们怦然心动的人，我们会心甘情愿地把最好的一切都交给对方，可是他们冰冷的态度会让我们觉得自己所有的付出都是多余的。这时候的我们，往往就会陷入一种莫名的恐慌，对方的一句话或一个举动，都会让我们变得敏感至极。

　　在这段关系中，你始终处于被动的一方。你的所有情绪，都被牢牢地掌控在对方手里。

　　在那个喜欢的人面前，我们会主动地放下防备，却也给予了他（她）伤害自己的机会。

无论你对一个人怀有多么炽热的感情，若是对方在面对你时总是一副怠慢和冷漠的态度，你的喜欢就是毫无意义的。

等不来的人就别再等了，毕竟你的青春有限，应该把它们留给那些更值得的人。你是最好的自己，别人可以忽略你，但你千万不要忘了好好关照自己。

去追求那些懂得尊重和欣赏你的人，只有和他在一起，你才会感受到那种发自内心的温暖。

要知道，心里装着你的人，不会让你受半点儿委屈。

第四章

世间美好

与你

环环相扣

明明可以靠脸吃饭，偏偏要靠才华

01

昨天和一个姑娘一起回家的时候，她和我谈了很多关于男人的话题。

她说："男人都看脸，根本不关心什么能力、才华……"

她话音一落，我的心咯噔了一下，就像一个准备上课的老师忽然发现带错了书一样，凌乱得手足无措。

妹子，你现在正是花一般的年纪，你有资格恃美而骄，但是以色事人，免不了色衰爱弛啊！

网上曾有过一个著名的帖子：

我下面要说的都是心里话。本人二十五岁，非常漂亮，是那种让人惊艳的漂亮，谈吐文雅，有品位，想嫁给年薪五十万美元的人。你也许会说我贪心，但在纽约年薪一百万美元才算中产，本人的要求其实不高。

——波尔斯女士

下面是一位华尔街金融家的回帖：

亲爱的波尔斯：

我怀着极大的兴趣看完了贵帖，让我以一个投资专家的身份，对你的处境做一分析。我年薪超过五十万美元，符合你的择偶标准，所以请相信我并不是在浪费大家的时间。

抛开细枝末节，你所说的其实是一笔简单的"财""貌"交易：甲方提供迷人的外表，乙方出钱，公平交易，童叟无欺。

但是，这里有个致命的问题，你的美貌会消逝，但我的钱却不会无缘无故减少。事实上，我的收入很可能会逐年递增，而你不可能一年比一年漂亮。因此，从经济学的角度讲，我是增值资产，你是贬值资产，不但贬值，而且是加速贬值！你现在二十五岁，在未来的五年里，你仍可以保持窈窕的身段、俏丽的容貌，虽然每年略有退步。但美貌消逝的速度会越来越快，如果它是你仅有的资产，十年以后你的价值堪忧。

用华尔街术语说，每笔交易都有一个仓位，跟你交往属于

"交易仓位"，一旦价值下跌就要立即抛售，而不宜长期持有，也就是你想要的婚姻。

听起来很残忍，但对一件会加速贬值的物资，明智的选择是租赁，而不是购入。年薪能超过五十万美元的人，当然都不是傻瓜，因此我们只会跟你交往，但不会跟你结婚。

所以我劝你不要苦苦寻找嫁给有钱人的秘方。顺便说一句，你倒可以想办法把自己变成年薪五十万美元的人，这比碰到一个有钱的傻瓜的概率要大。

02

"窈窕淑女，君子好逑。"首先是生理上的需要，上升到心理层面的爱情则是另外一码事，再要升华至谈婚论嫁，那就是一种理智的选择了。

美貌是一种消耗品，是一种达到顶峰后就开始不断贬值的资产。精明的男性，会选择租赁，而非购买。毕竟，他们是连年利率8%的理财产品都嫌回报少的人啊，怎么会接受负利率呢。

所以妹子，除了照顾好美貌，你还需要其他的筹码。美貌一定要和智慧捆绑，才能保你一世安稳。好看的姑娘都知道的，一旦你长得有些姿色，别人就会歪曲你获得的一切，而忽视你的努力："她升职那么快，跟领导又走那么近，很可疑啊！""这个单子谈了好久都没搞定，她去谈，就成了，不会为了钱没有底线了吧！"

嫉妒猛于虎。

职场上，好看而不够聪明的女性，容易卷入各种是非；唯有好看又足够睿智的女子，才能够驾轻就熟地用好自己的美貌，游刃有余地处理各种关系。

前段时间听同事说了一个故事，一位姑娘因为容貌姣好被上司盯上了，她不愿屈从，又怕职场前途黯淡。

所幸，姑娘不但脸好看，脑子也好使，与上司的老婆成了微信好友，聊着聊着就成了闺密。

上司每晚都被吹枕边风，从此不再骚扰她，还对她处处照顾。只有匹配相应的智商，才能让好看的容貌发挥最大的价值；否则，美貌只会为你招来嫉妒，甚至让你成为人肉靶子，让你万箭穿心。

的确，美貌是值得骄傲的天赋，因为它无需证明。如若配上才华，那就是名副其实受到上天的宠爱。

"民国女神"那么多，最让人怀念的还是林徽因。她长得极美，又写得一手好诗，又有气韵。容貌，才情，爱情，她样样都有，简直羡煞世人。所以，她注定讨男子喜欢，徐志摩爱她，梁思成爱她，金岳霖爱她。

三位都是顶级才子，处于这种层次的人接触到的异性，往往跟他们学历相当、家境相仿，个个都优秀出众。他们是"看脸"，但绝非跨越阶层只看一张脸，而是在同阶层的异性里，选长得最好看的。不是一个阶层的人，哪怕脸长得再好看，恐怕也入不了他们的法眼。

上天赐予你美貌，请一定不要暴殄天物：修炼美貌的同时，更要进行内在的修炼。这样，你既可以利用智慧进入更高级的圈子，用美貌撬动更大的价值，再加上才华，就可以过上"明明可以靠脸吃饭，偏偏要靠才华"的人生。

人可以穷，但不能糙

01

昨天一位打扮时尚的客户和我聊关于精致的话题，她说"女人的精致是需要用金钱堆砌的！"我却不那么认为。

很多人觉得只要拥有了足够多的金钱，精致就信手拈来。但我觉得用金钱包装出来的精致，就像缺乏灵气的花瓶，充满了人工制造的生硬，毫无灵气。

我所理解的精致，跟钱没有多大关系，它是一个人的内在世界，是思想观念反映出来的一种精神气质。一个人对现实的态度决定他的行为，而行为又体现了他对现实的态度。

02

在大连上学的时候，有位来自偏远地区的室友，暂且称她为D。她每次回家，要先坐火车，再坐汽车，最后还要背包步行几公里。总而言之，她家离学校的距离是常人无法想象的远。

一个静谧的黄昏，她给我们讲了她母亲的故事。听着她的讲述，仿佛那位命运多舛、在困境中不屈不挠的清瘦坚强的母亲就出现在我们眼前。

D的母亲常说一句话："人可以穷，但不能糙。"

她给D亲手做白衬衣、碎花裙，让穿着粗布衣服的D在艰辛中明白什么是整洁、精致。

D说，母亲的态度让她知道，即使是褶皱的纸团，只要展开铺平，也依然可以在上面画出美丽的山水。

而我的另一个室友S，家境富裕。她来上学的第一天，母亲就一口气给她买了很多条时髦的裙子。恕我直言，她没有一件穿得像样，因为她总是把衣服随随便便一扔，想穿了就皱皱巴巴地套上，她最常说的一句话就是："天啊，又乱了。"

S总也弄不明白，住对床的室友D是怎么把每一天都过得干干净净、游刃有余的。

S的床上，横看竖看就是乱，而对面那张床，被子叠得像豆腐块，洗得发白的床单总是铺得整整齐齐。

当时不知为什么，时尚美丽的S和朴素大方的D站在一起，总觉得略输一筹。后来，我才知道有一种美好的气质叫精致。

精致的气质，它受的是环境的影响，也最直接反映了一个人的内在格局。

03

我身边有一位阿姨，已经年过五旬，但是她每天都早起一个小时化妆，细细地绾起发髻，搭配好一天的衣衫。即使下楼倒个垃圾，她也要美美地涂上唇彩，穿上四厘米的空姐低跟鞋。

她还有每晚睡前阅读一个小时的习惯，而且已经坚持了近三十年。虽然她的眼角已爬上皱纹，可眼神却还是清澈纯净；她浑身散发着优雅的气质，总是让人有一种莫名的好感。我记得她对我说过一句话："女人的精致不是刻意，而是习惯和乐趣。"

这种乐趣会提高人的活力，大大地增加生活的信心。阿姨没有什么钱，却活出了很多有钱人活不出的精致。这种精致就是时刻都美好而认真地生活。这个习惯真的和金钱无关，而与内心有关。作家陈丹燕写过一本书叫《上海的金枝玉叶》，给我留下深刻印象的是老上海永安百货郭氏家族的四小姐郭婉莹。

郭小姐是从小被"富养"的女孩，受到的教育是当时顶级的，是名副其实的富家名媛。不过打动我的并不是她尊贵的出身，而是她无论身处什么样的境地，都从未放弃用"精致"的一面来面对现实。

百货公司国有化以后，从前出门永远有车、有保镖相随的闺门小姐，也可以换上粗布衣服，为生计而工作。

条件最艰苦的时候，她去乡下劳改，干尽了又脏又累的活。但她仍坚持穿旗袍清洗马桶，穿着光洁的皮鞋在菜市场卖咸鸭蛋。

在资源匮乏的条件下，她还能用煤球和铁丝烤出酥脆的吐司，用铝锅和面粉做出有圣彼得风味的蛋糕。

那不是矫情，而是从骨子里散发出来的精致的天性。正因为灵魂深处的高贵，面对困境时才会有寒衣掩盖不住的光芒。

04

我们总是觉得注重外在的人都很肤浅，只有注重内在的人才有内涵。

经常有人告诉你，马铃薯再怎么打扮也是土豆，不要做那些无用功。

然而，当我们走向外面的世界，认识了越来越多的外有魅力、内心有山水的姑娘之后才发现，原来精致不是要多美好的外在，也不是只关心内在，而是一种积极的态度，是让人散发优雅的精神气质。

我工位对面的女孩，没有漂亮的外表，却比很多漂亮女孩显得美丽。

她每天都早一点上班，打卡以后第一件事就是戴上胶皮手套，里里外外地收拾。然后往粉色的玻璃杯里倒满温水，吞下一把维生素，打开粉色的加湿器，换上高跟鞋，擦上香草味的护手霜，涂甜橘味的口红。

做完这一切，她才开始进入工作状态。每天十五分钟雷打不动的上班前仪式，让我们无法不对她另眼相看。

我们的办公桌要么凌乱不堪，要么什么都没有，只有她的桌子永远整整齐齐，上面几盆可爱的绿色植物让人赏心悦目。

每次经过她的办公桌，我们的心情都格外舒畅。为什么我们要坚持精致？一扇窗被砸破了却没人修，就会有人破坏更多的窗户。

一面墙被涂抹了却没有人清理，很快上面就会被涂上更多的东西。

你周围的地脏了，你却懒得去扫，很快就会有人毫不愧疚地扔更多的垃圾。

这就是著名的"破窗效应"。为什么我们要坚持精致？

因为只有我们把生活过得精致了，别人才会对我们的底线有所顾忌，才不敢在我们的世界里造次。

只有我们把生活过得精致了，别人才会以尊重和温柔待我们。

只有我们把生活过得精致了，世界才会努力地配合我们。

我们只要坚持精致地做自己，就会拥有自己喜欢的生活。

我们只要坚持精致地做自己，就会给我们的生活锦上添花。

认清自己，才能更好地改变

01

春节过后，小八妹开始立志减肥。她不吃晚饭，拒绝零食，也不再泡酒吧，而且每天变着花样做运动，今天跑步，明天游泳，后天动感单车，每次都累到筋疲力尽才肯罢休。

每次出门前，她都一副打了鸡血的样子，对着镜子里的自己说："加油，你是最胖的！"

同住的几个闺密看到后哄堂大笑，都说她是"用生命在搞笑"。她却一本正经："笑什么笑，我本来就是最胖的呀！否则，为什么要减肥？"

环顾四周，闺密们几乎都比她瘦。之前她根本不在乎："胖就胖呗，说明我吃得好。不胖对不起我之前吃下的美食。"

小八妹太爱吃了。哪个闺密的追求者给大家买来好吃的几乎都给了她，因为大家嫌热量太高。为了讨好众姐妹，追求者动不动就央求小八妹找理由约大家出来吃饭，小八妹借此机会又能大吃一顿。

毕业两年多，小八妹胖了四十斤，搭配上一米五八的身高，肯定好看不到哪去。春节回家，她胖得连老爸老妈都无法容忍了："闺女，咱再这么胖下去，就嫁不出去了。"本来说要让她去相亲，因为她太胖，也不了了之了。

在家的几天，父母像唐僧一样天天唠叨，让她尽快减肥，不让她吃这个，不让她吃那个，她实在受不了了，就提前找了个理由返京了。

02

回来后，小八妹遭到重创，萎靡不振，吃什么都不香了。回来的第十天，她收到了父亲的书法作品"管住嘴，迈开腿"，父亲嘱咐她贴在墙上用来激励自己减肥。以前不会网上购物的母亲，竟然破天荒地在网上买了一套可移动穿衣镜寄给她，还不忘让店家在上面贴了个小字条，字条上写着励志的话：加油，你是最棒的！

险些被二老逼疯时，她一直暗恋的那个男生又因为失恋来找她喝酒倾诉。男生酒后坦言，她太胖了，否则自己早就追她了。她觉得自己的春天来了，立志要减肥。

小八妹非常认真，上网查阅各种减肥小诀窍，还加入了一个"减肥励志"微信群，每天晚上不吃晚饭，其他饭点不吃主食，将所有零食通通扔掉，每天暴走五公里，还至少游泳一小时……

越来越有斗志的她，觉得母亲的留言很有问题："什么叫'你是最棒的'？明明不是，好吗？"于是，她将口号改为："加油！你是最胖的！"

她觉得只有这样，才能激励自己一路坚持下去。

一个月后，她减了三斤；三个月后，她减了八斤；半年后，她减了十五斤；一年后，她已经成功减至一百二十斤。

减肥成功后，不仅闺密对她刮目相看，就连她暗恋的男生也夸她越来越漂亮了。

小八妹说，自己以前像毛毛虫，现在变成了美丽的蝴蝶。

03

虽然减肥还在进行中，但是小八妹却有了很多感慨："没有减过肥的人，永远不会知道当事人到底经历了多少。那简直是炼狱般的经历：要跟自己习以为常的生活方式说再见，要抵制住各种美食的诱惑，要忍住饥饿，要有恒心和毅力每天走完五公里，要敢于面对孤独和寂寞，要每天激励自己……经过了这些，你才会明白什么叫蜕变。"

但凡美好的东西，都不会唾手可得，需要你付出万分的辛苦和汗水。

之后，小八妹的生活方式越来越健康，不仅身材大变样，相貌气质也有了微妙的变化，而且好运也悄然来到。

她暗恋的男生不再把她当成同性，因为他发现以前同声同气的"哥们儿"竟然是个美女。在刚刚过去的"六一"儿童节，他在摩天轮上勇敢地向她告白了。

瘦下来的小八妹不仅变得越来越漂亮，而且收获了爱情。更让人意想不到的是，她还获得了晋升的机会。原来，她之前因为太胖总被忽视，等她瘦下来之后，机会竟悄然而来了。

现在她已经习惯了每天一早站在镜子前，挥舞着拳头对自己说："加油，你是最胖的！"她的闺密们，这下真的把这句话当成了励志名言。

小八妹减肥的过程，何尝不是我们追逐梦想的过程。

04

减肥，绝不只是减肥那么简单。它是一种决心，藏着一个人对美好生活的期许和让自己变得越来越好的愿望。它是你拼尽全力要实现的人生目标，就像你决意要完成的其他心愿一样。比如你发奋想要取得的成绩，你努力想保全的工作。但如果没有恒心，没有毅力，再宏伟的志向也都不过是空想。

我第一次听到小八妹这句减肥口号时，也觉得只是个调侃，甚至如果出自外人之口，简直恶意满满，但现在看来，真的不是。

那是告诉自己一个奋斗的理由，因为知道自己胖，才会坚持去锻炼，就像因为知道自己不好，才更应该去奋斗一样。

万事开头难，当你勇敢地迈出了第一步，就等于成功了一半。行为心理学研究表明：二十一天以上的重复会形成习惯，九十天以上的重复会形成稳定的习惯。也就是说，同一个动作坚持做二十一天，就会变成习惯性的动作。

当真正成功之后，你才会意识到，每次的咬牙坚持，都是为了以后的脱胎换骨。其实，我们有时真的不用别人喝彩，只需要自我激励：我值得更好！

不管是减肥还是工作，或者其他的事情，有时候，我们真的需要这种来自内心的鼓舞。只有认清现实，才能一步步迈向成功，达成心愿。

当你减肥成功时，你收获的不仅是自信，还有更多的机会；当你事业成功时，你收获的不仅是薪水，还有更多向上的渠道；

当你变得越来越优秀，你会发现你身边优秀的人也会越来越多，你的人生也会越来越精彩。

只有认清自己，才能更好地改变，只有逼自己一把，你才知道你的潜力有多大，你的未来有多美好！

加油，你是最胖的！

拥抱属于自己的世界

01

小时候，我们总是被教育要做一个有出息的人。

可是懂事后，真正令我们羡慕的，从来都是那些幸福的人、那些拥抱了属于自己世界的人。

而在他们成为幸福的人之前，他们曾经只是个勇敢的人——再往前一点，还可能是不靠谱的人。

我相信，每个人都怀抱着对待这个世界某方面的敏锐。

这敏锐未必与世俗的需要有关，但真真切切地被这个世界需要着。

成为科学家是"80后"中国男孩们最常见的理想。可事实上，并非每个人都能当科学家。

在我看来，理想这件事，应当首先建立在你对自己的了解之上。了解你的热爱在哪里，了解你想要的生活究竟是什么样的，了解你不愿意做或者做不到的事有哪些。

唯有了解你自己的每一样执着与厌恶，才能好好利用你的勇气，绕开你的消极，用你与生俱来的本领，带领自己走向那奇妙而无法被预知的幸福。

说到"幸福"的时候，请不要将它同"伟大""富有"之类的词扯上关系。

你或许怀抱着伟大的梦想，比如改变世界；或许只是对未来有着小而美的盼望，比如开间小小咖啡店。

这其中的差别，根本不会妨碍你最终拥有自己的世界。

02

随着我们渐渐长大，一些曾经觉得很遥远的事突然就被摆在了面前，比如工作，婚姻。

当我们面对这些的时候，很多人都本能地持有一种可量化的标准：

你在哪里工作呀？公司厉害不厉害？一个月能赚多少钱？

他买给你的钻戒有多大？年薪多少？房子买了吗？

大家都这样热热闹闹地权衡着自己，询问着别人，仿佛这些事就是面对未知未来时，唯一实在的保障。

而在我周围的上一辈中，有太多太多本该会幸福的故事，却都有一个并不如愿的结尾。

他们大多都是在年轻时，经过那样可量化的标准权衡过自己的未来，最终却发现在别人眼中一片光明的未来，自己走过去，竟是漆黑一片。

比如一位年轻时十分美丽的阿姨，嫁给了一位处处看来都让人满意的高干子弟，很快便开上了好车，住上了豪宅。

但在她怀孕期间，男方出轨。两人僵持了几年，孩子上小学时，终于还是选择了离婚。

旁人都觉得惊讶："谁能想到会这样！"

唯有她在一次聊天中对我讲："女孩子，关键是要找一个爱你的，有责任心的男人。别人看起来好，未必就是好。"

我想起小时候曾被爸妈带着参加她那场极为奢华梦幻的婚礼。新娘美貌窈窕，新郎英俊多金，谁看来都是一对璧人。

但究竟是不是一对璧人？唯有他们自己心里才会知道。

又有这样一位十分优秀的叔叔，三十好几还没有可以结婚的女友，被家里人频频催促，甚至给他定下"最后期限"。

他却一个个地拒绝了别人介绍的那些美貌又优秀的女孩，并说："这种事怎么能定期限？总得找个我自己喜欢的才行。"

长辈也会不甘心地劝他："这个女孩不就很好，要什么有什么，大家看了都喜欢……"

他笑着接话："是我要结婚，挑个大家都喜欢我不喜欢的有什么用？"

后来，他在国外认识了一位可爱的外国姑娘。爸妈虽然有些不满，但最终也同意了。

提起这件事，他说："从小到大都在努力做别人眼中的成功人士，可至少结婚这件事，不能屈就于外界眼光。"

新闻上也时常会看到一些令人扼腕的悲剧。

明明很优秀，在别人眼中"大有所为""前途不可限量"的年轻人却患上抑郁症，还有人最终告别了世界，结束了自己"不知道究竟有什么意义"的人生。

很多人表示不理解，批判他们高分低能、心理素质差。

不可否认，选择轻生确实是一种不够坚强的表现。但我想我完全可以想象到他们心中的绝望与迷茫。

对于很多人来说，成为一个"优秀的人"只是一个目标，未必真的会被实现——它往往同任何成功一样，需要日复一日的努力、坚持不懈的付出以及一点必要的与生俱来的智慧。

但那些真正做到了的人，往往会陷入一种真相大白后的迷茫与恐惧：

自己从小就为之奋斗的光明未来，就是现在这样吗？

没有尽头的忙碌与并不算丰厚的回报，这就是自己以后所能够拥有的一切了吗？

也许只有在你收获过别人眼中的"成功"，又品尝了"不幸福"的苦果的时候，才有剩下的幽幽的一声叹息：

原来别人眼中幸福的路，未必就能让你快乐一生。

03

我曾经试过很多次"像别人那样"。

像别人那样乖乖地去学奥数，像别人那样努力地去参加物理竞赛，像别人那样选择一个"好就业"的专业，甚至像别人那样从事一份稳定而有社会地位的工作。

可最终，这一切的结果都令我感到挫败——无论我多么用功，多么拼尽全力，也并非每样别人眼中"应该要做到"的事都能做到、做好。

当我被物理电路图绕得晕头转向，被烦琐细碎的专业知识塞到大脑空白，被工作中复杂的人际关系弄到头痛的时候，我不由得一遍遍怀疑自己是否是个笨蛋。

真正长大后，回过头看看那些不顺利与"没做到"，只觉得太过平常。

我们都希望自己是最好的，可从来没有人可以将每件事都做到最好。

亲爱的，相信我。

你将会成为一个很优秀很优秀的人——你会在一件事情上做得很好，在其他一些事情上做得普通甚至糟糕。

这是为了让你更加清楚地知道自己想要什么，从而更加容易接近圆满。

没有必要去实现别人为你定下的目标，更没有必要因为一些别人觉得你应当做到的事而怀疑自己拥有幸福的能力。

爱你所爱，想你所想。

你终会拥有属于自己的世界。

04

在这个充满奇迹的世界上，总会有一些困扰于自己"与众不同"的人。你们应当珍视自己的独特，鼓起比常人更多的勇气，去面对自己与众不同的人生。

在《名人传》里，罗曼·罗兰这样评价米开朗基罗：

"他是孤独的。他恨人，他亦被人恨。他爱人，他不被人爱。人们对他又是钦佩，又是畏惧。晚年，他令人发生一种宗教般的尊敬。他威临着他的时代。"

当然并非每个追梦的人都会这样孤独，尤其是在今天。

与别人并不相同从来都不是值得警醒的羞耻，而是一种应当感到幸运的荣耀。

赫尔曼的一句话，曾经激励着万千有梦的人们："无法达成的目标才是我的目标，迂回曲折的路才是我想走的路。"

假如有一天，你真的幸运地走出了茫茫人海，成为一个勇敢而令人尊敬的人。

回过头来看一看旧时光，你一定会感谢你的与众不同，以及坚定着这种不同的勇气。

你配得起更好的人

01

椰子姑娘在不知多少次约会无果后终于灰心丧气，借着一点点酒劲儿成功无视了全部的男士，她挑着漂亮的丹凤眼无奈地问："你们说，为什么现在的好男人就像珍稀动物一样，想找一个那么难？又没有什么天灾，没有女朋友的好男人都灭绝了么？"

她不算是十分挑剔的女生，起初还幻想着"只要长得顺眼，能够懂我，对我好就行了，其他条件都无所谓"。很快她就发现，这是个根本没办法丈量的条件，反而会让别人觉得她矫情。

于是，她将择偶条件逐步精确，从"跟我一样研究生学历或以上，身高不低于180cm，自己能拿出买房首付的钱，教养好，五官端正"到"有一份稳定工作，不说脏话，不酗酒，周

末双休"，再到"学历最低不能低于专科，身高最低不能低于
170cm，没固定工作也得有稳定的经济来源，当然不能啃老"。

我们跟她打趣，下一步是不是就变成"男的，活的"就可
以了。

她翻个漂亮的白眼："恨不得呢"。

02

椰子姑娘的相亲史一向是朋友圈里人人喜闻乐见的事。

她第一次相亲的时候，对方是个银行职员，据说三年之内
有可能被提升为主管。初见面是在一个咖啡馆，两人相谈甚欢，
准备聊下一次邀约。可是，男方无意间看到椰子姑娘用的是范
思哲手袋，立马愣了一拍，硬生生将邀约的话题转到了最近的
天气和美国的政局。喝完咖啡后，男方再也没跟椰子姑娘联系。

椰子姑娘丈二和尚摸不着头脑，趁着朋友聚会逮住介绍人
厚着脸皮问："那个××怎么回事啊，我看他还挺顺眼，他到底
嫌弃我哪点啊？

"你的范思哲手袋，顶人家一个月工资。人家嫌你拜金，说
是姑娘年纪轻轻就这么奢侈，以后养不起。"

"天地良心，"椰子姑娘欲哭无泪，"我又没问家里人要钱，
不过是刚好这个月奖金有富余才买的，又没有影响我日常的衣

食住行，也算是计划内的消费啊，我怎么奢侈了？"

"姑娘……你以为世界上所有人都像你一样，有这么好的工作啊。你这样的行为，会给男人很大的压力的。"介绍人叹了一口气，"虽然你觉得没什么，但是男人也要自尊啊。一眼看上去月收入低你一半，想到今后结了婚还不得忍气吞声给你做牛做马，顿时底气就没了，哪还想跟你约会啊。"

椰子姑娘这才恍然大悟，在后来的很多次相亲中都提着淘宝爆款包，穿着最朴素的衬衣牛仔裤，绝口不提自己的学历，不被问到工作坚决不主动开口。饶是如此，也不免遇到各种极品的相亲男。

被嫌弃个子太高，被抱怨语速太快，被挑剔性格不够温顺。最搞笑的一个，居然还认认真真地问过她："虽然我学历没有你高，工作也没你好，可是我家是比较传统的家庭，结婚以后你就辞职在家当全职太太吧，把我爸妈也接过来照顾着，好吧？"

她咬牙切齿地讲起这个相亲男，恨不得将手中的热咖啡像偶像剧里演的一样狠狠泼过去："还全职太太，还把他爸妈接过来同住，就他那少得可怜的工资，就只能上半月喝汤吃糠，下半月喝西北风。"

随着时间的推移，她一天比一天着急，相亲的频率也与日俱增。她是个认真的人，一向笃定地认为在什么年龄就要做什么样的事，可是在她最适合结婚的年龄，偏偏就是不出现愿意跟她结婚的人。

"难道我真的就嫁不出去了？"椰子姑娘感慨一句，"我可以不提学历，甚至可以换工作，可是男方嫌我个子高怎么办，我总不能把腿锯了吧。难道我真的注定要单身一辈子吗？我马上就三十了啊。"

好不容易有一次她宣布说："我觉得这次相亲的人，应该可以凑合交差了。"

结果，这段恋爱持续的时间并不算长，大概三个月后，椰子姑娘宣布了分手。

她神情恹恹地说："要不然我干脆辞职算了，假装成无业女文青，说不定还能遇到看上我的人。"

椰子姑娘就像龟兔赛跑中跑得太快的兔子，遥遥地看着身后的乌龟，犹豫着要不要停下来等一等，等后面的乌龟慢慢追上来，装作差距不存在，只为等一个一起去终点的伴侣。

又过了很多个月，终于听到了椰子姑娘的好消息。她跟一个高她半头的男人在一起了，那男人和她说话的时候会温和地注视着她，会绅士地帮她开车门，会陪她一起看没字幕的韩剧，会和她一起捕捉生活中的笑点……

我们都由衷地为椰子姑娘感到高兴，庆幸她没有"锯腿"，否则当她停下来一面疗伤一面等乌龟的时候，身边跑过去一匹优秀的白马，哪里还能追上？

03

在我写下这篇文章的时候，椰子姑娘已经是结婚半年的幸福小女人了。她依然做着自己喜欢的工作，踩着高跟鞋东奔西跑，而她的另一半也有自己的生活，他们的婚姻像是所有及时而来的爱情一样温润而美好。

椰子姑娘告诉我，只要是对的那个人，无论多么晚都不算迟。

所以啊，如果你本身就跑得很快，请不要等你身后的人慢悠悠地走过来指责你的优秀，将你所有的好变成不好，颠覆你所有的人生观、世界观，让你觉得自己一无是处。

请你一直一直跑下去，即使遇不到同行的兔子，遇到一只熊、一只羚羊、一匹马也是很好的。那样，你可以继续享受周围的景物飞驰向后的快感。

你想要的，岁月都会给你

01

去一个久未造访的饭店吃饭，却没有看到我最熟悉的欧阳店长。向服务员问起她的近况，才知道她被调到总部去了。

一起吃饭的好友感慨不已："早看出来她与旁人不同，调走是迟早的事儿。"

多年前，我到那个饭店吃饭，第一次见到了她。

彼时，她还只是店里的一个服务员，身形瘦小，长相一般，普通话也说不好，带有浓重的湖南口音。在一众长相靓丽的服务员中间，她一点也不起眼。所以，她不能负责包间，只能在大厅里。

但她从不懈怠，脸上永远挂着灿烂的笑容。她服务周到，时刻留意着客人的需求，让人宾至如归。遇到客人刁难、指责时，她也从不推诿，每次都圆满解决问题。

等到我们第二次去那里吃饭的时候，发现欧阳已经开始负责包间了，而且是能容纳三十人的大包间。凡有客人来用餐，她都会露出灿烂的笑容，热情地接待大家。她的普通话虽然仍不标准，但这句及时的开场白总让人觉得非常温暖："今天很荣幸为大家提供服务，用餐过程中有任何问题都可以找我。"

我们夸赞饭店的服务很到位，也一直以为那些礼貌用语是经过饭店统一培训的。后来才知道，那是她独创的服务内容。

有一段时间，我们常去那里吃饭，便跟她熟识起来，知道她高中辍学之后就出来打工养家，还要供两个弟弟上学。每次吃完饭，饭店会请顾客写点意见或建议，我们每次都会为欧阳写下一大段赞美的话。

后来，我们每次再去，欧阳都有不一样的身份，从包间服务员，到几个包间的管事，到领班，到店长，再后来，就很少见到她了。据说她已经转到后台，负责服务员的培训。这次，她被直接调到总部。

只凭借自己的学历、长相和身高，欧阳是绝对不可能提升那么快的，但是她却成功地实现了"逆袭"。

记得有一次，我的一个朋友问她："你难道要做一辈子服务员？"她报以真诚的一笑："只要你肯努力，老天爷就会把你想要的给你——我妈说的。"

当时，我们还觉得她略显天真，现在看来，上天真的不会辜负任何一个努力的人。

02

学妹小薇曾经给我讲过她的故事。小薇很漂亮，也很有野心，她信奉张爱玲的那句话："出名要趁早。"

所以，她从小就为之努力。上学期间，除了功课样样优秀，她还学跳舞，学唱歌，尽显才华。大学毕业后，她在招聘会上，很受用人单位的欢迎。在几家公司之间，她选择了一家薪水最高的小型外贸公司。

初出茅庐的小薇很卖力，做事风风火火，每天最早一个到公司，最晚一个离开公司，一心想通过自己的努力获得更高的职位和更多的薪水。

但老总却心怀鬼胎，一直垂涎小薇的美貌，先是给小薇各种表现的机会，让她觉得很受重用，接着用各种理由让小薇加班，说些暧昧的话，想趁机占便宜。

小薇刚开始不明就里，还很奇怪身边的同事为何总是阴阳怪气。后来，她终于识破了老总的用心，但为了升职、加薪却敢怒不敢言。虽然每次都能巧妙地避开老总的"咸猪手"，但她依然因此苦恼不已。

一次，老总说要带她去陪客户吃饭，她不好意思拒绝，只得硬着头皮前往。到了饭店她才发现，根本没有什么客人，只有自己和老总两个人。老总讪笑着解释说客人临时取消了约会，然后递给她两把钥匙，一把是车钥匙，一把是别墅的钥匙。老总跟她摊牌，说只要跟了他，以后不但不用上班，每个月还有两万块的生活费，每年年底另有大红包。

感觉受到羞辱的小薇忍无可忍，一把端起桌子上的茶杯，把茶水泼到了老总脸上，然后愤怒地扭头离开。

虽然老总允诺给她的物质条件很诱人，但是要强的小薇知道，一定要用自己的努力去获得这些东西，而不是用自己的青春和肉体去换得。

第二天，小薇到公司办理了离职手续，随后又凭借自身的优势成功在一家大公司入职。

五年之后，小薇已经荣升大公司的部门主管，薪水是之前的两倍。虽然还在为自己的理想打拼，但她花钱已不用再缩手缩脚，且对未来充满希望，更重要的是，没有人恶意骚扰她了。

小薇说，感谢过去的自己没有被物质条件所迷惑。你想要的，岁月都会给你，只要你肯努力。

03

去年，大学刚毕业的雨珊失恋了。她整日以泪洗面，痛不欲生，甚至开始暴饮暴食，使得本来就臃肿的身材更加走形。工作找好了，她也懒得去，每天把自己关在房间里，除了出来拿一下外卖，几乎不出房门。

室友无奈，就偷偷告诉了她的母亲。她母亲听完后，火急火燎地从老家赶到了北京。

母亲一进屋便看到了憔悴的女儿，顿时心疼不已。她把雨珊硬拽到镜子前，让她好好看看自己，并问她："如果你是你的前男友，你会爱上镜子里的这个女孩吗？"

雨珊诧异母亲的到来，漫不经心地抬起头，猛然看到了镜子中的自己：体态臃肿如中年妇女，眼神涣散。她大为震惊，扑进母亲的怀里失声痛哭。

她的母亲是一名老师，举了很多名人的例子来激励她，给她做心理疏导，并告诉她，走出失恋的最好方法就是让自己变美变强。

母亲的一番话激发了她的斗志。在母亲的帮助和照顾下，雨珊像变了个人一样，开始拼命地健身减肥，努力工作。业余时间读书、看电影，跟朋友聚会，生活慢慢变得丰富多彩起来。

不到半年时间，雨珊就脱胎换骨了，身材变得很苗条，人也自信开朗多了，追她的人也排成了长队。不过，她从来不为所动。

由于工作出色，她被派到上海总部去学习。在那里，她邂逅了一个来中国工作的美国男生。

之后的故事当然如我们所料，那个美国男生对她展开热烈追求，并为了她来到北京发展，两个人也迅速进入热恋状态。

甜蜜的雨珊觉得母亲说得很对：你想要的，只要你肯努力，岁月都会给你。

04

越是年轻，越是脆弱，越容易被外界所干扰。读书时，我们总担心考不了好的分数，考不上好的大学；毕业后，又担心找不到合适的工作，拿不到理想的薪水；失恋后，又觉得错过了世界上对自己最好的那个人，以后再也遇不到真爱了。

人的一生，难免会遇到很多挫折，只要扛过去了，你就能浴火重生。每经历一次挫折，你就能学到很多经验，这些经验会为你的成功增加足够的筹码。

在这个过程中，我们要做好自己的心理疏导工作，时常激励自己："你想要的，岁月都会给你，关键看你是否真的全力以赴。"

如果你只是躲在父母的臂弯里，不肯走出来；如果你只是躺在黑暗的角落里，不肯走出阴影；如果你只是沉迷在游戏的世界里，不肯面对现实；如果你只是整天发牢骚，而不肯埋头去做眼前的事。那么，对不起，你蹉跎了岁月。

当你认清自己的方向，不再辜负时光，一直朝着目标而努力时，那么恭喜你，你想要的，岁月都会给你。

真正的友情，是不必相互取悦

01

那天在超市里碰见了涛哥，他正陪着家人为即将出世的宝宝挑选育婴用品。我们俩站在货架边聊了一会儿，细聊之下才发现，原来我们已经有三年多的时间没有见过面了。

以前，我们每隔一段时间都会相约出来喝茶，聊聊对方的近况。而今只要打开微信，就能随时随地在朋友圈里刷到对方的消息，仿佛两人近在咫尺，就像从来就没有断过联系。

但是我们都太过于依赖从朋友圈里得知对方的近况，而渐渐减少了碰面的机会。

没想到多年以后再次相见，我和涛哥依然可以熟络地聊天，聊得兴起时还能旁若无人地哈哈大笑。

直到涛哥的家人在一旁催促，我们才依依不舍地告别，相约着一定要找个时间出来好好叙叙旧。

或许，这就是真正的朋友吧！即便许久不见，感情依然不会受到时间和距离的影响，与对方相处起来，还会感觉到最实在的温暖。

02

朋友雨馨有个关系不错的姐妹茹，茹前阵子交了个男朋友，成日忙着与男朋友谈情说爱，很长一段时间没有跟雨馨联系了。

某天深夜，雨馨却突然接到茹打来的电话，约她到江边见面。

等雨馨打车赶到以后，只见茹坐在河堤上哭得撕心裂肺。雨馨安抚了她一阵子，给她递上纸巾，茹才慢慢说出了原因。半个月前，她去见了男朋友的家长，男方妈妈认为她的个子太矮，会影响后代的基因，极力反对他们的婚事。男朋友迫于家里的压力，晚上在电话里向她提出了分手。

当时的她感觉相当无助和孤独。她打开手机，看着通讯录里的一堆号码，却不知道应该打给谁。

最后她想到了雨馨。

雨馨就这么陪着茹，两人你一言我一语地说着前任和他的家人，一直聊到天亮。

有一种友情，是平时各忙各的，但只要想起对方的时候，一个电话或者一条信息就能找到对方，甚至连理由都不需要。你不会因为打扰了对方而感觉到有压力，因为他（她）是你随时想见就能见到的人。

03

每次出去吃饭，看到邻桌的客人拿着酒杯，互相攀着肩膀称兄道弟，嘴里不断地说着那些恭维对方的好话。其实我心里在想，这未必是一段好的友情。这些年来，每认识一个新朋友，我都会努力讨好对方，小心翼翼地组织言辞。表面上看是很友好的关系，实际上却是"交面不交心"。

最好的友情是即便向对方袒露心底真实的想法，也不用担心没有顾虑到对方的情绪。若是真朋友，又怎么会因为你的所言所行而疏远你？

陈佩斯和朱时茂曾经是春晚舞台上备受观众喜爱的一对搭档，两人私底下的交情也很深。谈到和搭档朱时茂的"革命情谊"时，陈佩斯说："我们见面就不客套，永远是直奔主题，彼此之间是属于那种有什么说什么的关系。"他用了一句话评价他们的关系：从来都不会想起，永远也不会忘记。

真正的朋友，不是相互取悦，而是有话可以直接说，不用小心地猜测对方的感受。

有一句古诗:"君乘车,我戴笠,他日相逢下车揖;君担簦,我跨马,他日相逢为君下。"

大意是:将来你坐宝马香车,我还是戴笠耕种,若相见,你下车跟我作揖寒暄;将来你为撑伞布衣,而我骑高头大马,若相见,我仍然下马迎接你。

无论阔别多久都不会感到生疏,也不因身份的转变和地位的差异而翻脸不认对方,或许这才是被世人所称道的友情吧!

04

这些年来,身边的朋友换了一拨又一拨,但总有几个知己好友永驻心田。虽然平时也就只是在朋友圈里互相点点赞,彼此也没有刻意相聚,可见面以后,却总是可以毫无顾忌地聊得火热,就好像从来没有远离过。

三毛说:"朋友中之极品,便如好茶,淡而不涩,清香但不扑鼻,缓缓飘来,细水长流,所谓知心也。"

真正的友情,是你能看懂我的嘴型,我也明白你的心意,即便是相对无言,也不会感觉到尴尬与难堪。哪怕一个不小心说错了话,也不必担心对方会责怪你,所有的误解和分歧都会付诸笑谈中。

《最佳损友》这首歌中有这样一段歌词："从前共你，促膝把酒，倾通宵都不够，我有痛快过，你有没有，很多东西今生只可给你，保守至到永久，别人如何明白透。"感情越好的朋友，说话越是随意。只有这种自然产生的关系，才能更加亲密而稳固。

愿你身边能多几个不需要刻意取悦的良朋知己，陪你分享生活的点滴，陪你一起走过这漫漫人生路。

自己善良，才能感知世界美好

01

我有一个姐妹特特，从小心气儿就特别高，从来不多看身边的男性朋友一眼，一心想着嫁个美国老公，拿张美国绿卡。大学毕业后，同学们都忙着找工作，东奔西跑的，就她一个人考上了研究生，到了一所更好的学校。研究生毕业之后，她拿到了国外的大学录取通知书，不过不是美国，而是英国。

有一年，她暑假回家，带了一个美国帅哥回来。帅哥非常喜欢她，随时随地在我们面前秀恩爱，还跟我们说毕业之后，要和特特一起回美国定居。那时候我们特别羡慕特特，也都衷心祝福她。大家都知道她有一个美国梦，也都见证了她为梦想付出的宝贵青春，现在马上就要实现了，肯定是一件值得高兴的事情。

谁知道毕业之后，特特并没有去美国，而是一个人又回来了，留在了我们的"革命根据地"——西安，而且很快就找了一个很朴实的丈夫结婚了，从此踏实生活，"洗手作羹汤"。夫妻俩奋斗了好几年，又在他们那个小区买了一套房子，把她的父母接到身边，一起生活。

有一次，几个闺密聚会，特特也去了。我非常好奇地问她："当初你心心念念要去美国，为什么最后又选择回来？你为此坚持了这么多年，怎么说放弃就放弃了呢？"

特特沉吟半晌，说："以前我老是想远走高飞，那是因为我有哥哥，家里的事情不用我操心，可是我硕士快毕业的时候才从别人那儿知道我和哥哥都不是爸妈亲生的。"

我没有明白，就问特特："这和你决定不去美国有什么关系？"

特特说："我爸妈年轻的时候日子过得特别艰苦，我爸在工地上打工，我妈就在工地上捡破烂。我和我哥都是那时候他们捡回来的。因为他们的慈悲，我和我哥才得以活下来，并且都接受了很好的教育。到现在我都很难想象，收入那么低的他们是怎么省下钱来养活我们的。知道这件事之后，其实我也特别矛盾，一方面我坚持了这么多年的梦想马上就要实现了，另一个方面是养了我二十多年的父母年龄渐渐都大了，我能陪在他们身边的日子越来越少了。纠结了很长时间后，我决定和那个外国男朋友分手，无论如何我都要陪在他们身边。"

听了特特的话，我才明白她当初为什么放弃。我想即便再让她选择一次，她还是会选择这么做，陪伴父母是世界上最美好的事情。有父母在身边，很多的执念不过都是海市蜃楼。

其实很多时候，懂得感恩，不仅会温暖自己，也会温暖周围很多人。

02

前些天，看到这样一则新闻：一名幼儿被陌生女子抱走，同城接力最终寻回。

寻回孩子的是一位中年阿姨，那天她刚好看见邻居姑娘从外面回来，抱着一个宝宝，于是就哄过来交给了警察。中年阿姨说，抱走孩子的姑娘没结婚也没有孩子，父母早年离异，跟着母亲生活，她精神方面有点问题，并非人口贩子。最后宝宝的父母也选择了原谅那个姑娘。

那天，我看了这则新闻下面的评论，很多人都说这位阿姨是在庇护那个姑娘，才故意说那姑娘患有精神病。抛开这个问题不谈，我想说点别的。

既然孩子已经找回，那位年轻的姑娘又没有前科，我们为什么不能以慈悲为怀，选择教育和原谅呢？现在很多人作恶，并不是真的就恶毒之极，有时候只是一念之差，走进了一个死胡同，如果有人能在他滑向边缘的时候向他施以援手、加以引导的话，事情会不会就是另一种结局？

这两个故事虽然内核并不一样，可是我们都能从中看出一点一样的道理来：放下自己的执念，时常心怀感恩，这样既能成全别人又能成全自己。特特懂得感恩，放弃多年以来的执念，最终找到了生活的平衡点，而那位阿姨和宝宝的父母选择相信那位抱走孩子的姑娘，不管从哪个角度来说，都是人性中的善。

唯有慈悲，才能度世间一切之苦，才能让我们放下执念，热爱这个世界。

第五章

这辈子

活得

酣畅淋漓

平凡简单，安于平凡不简单

01

落落是我们小区里唯一没上完高中的女生。

高三那年，她被分到了普通班，没过几天，她就告诉爸爸说不想上学了。以她的成绩，很难考上什么好大学，她想学一门热门的手艺，让自己安身立命。

一个月后，她去了长沙，学习服装设计。

再次见到她时，我已经上大学了。

一次，我一个人在家看电视时，她过来给我做了一碗热腾腾的面，还打上了荷包蛋。我笑赞她变贤惠了，她轻轻地说，一人在外，做饭只是生活的必备技能。

她偶尔会翻我的书，看到《西方经济学》《国际贸易》等书时，眼睛一亮，问我，上大学有意思吗？我对她说，我们如何逃过了点名，教授如何的放任，学校食堂里的饭菜多么难吃，我们宿舍有多爱聊天……她静静地听着，最后说道："呵呵，跟我们的状况不一样。我们都在学剪裁呢！"

很久以后，我听过一个词叫"新常态"。

那时，我们的常态就是念书上大学，我们不理解她的选择，但见了面也只是嘿嘿一笑说一句"你真酷"，她也从不解释什么。我想，她选择了一种新常态。

有一次，她打电话来借100元钱，两个月后还给了我。原来，那段时间她在找工作，钱用完了。读服装设计的事让她妈妈生气了半年，所以她不好意思向妈妈要钱。她就用这100元钱撑过了半个月，口袋里还剩10元钱的时候，她去买了彩票，竟然中了300元。她说，在那一刻，她又相信了自己的选择。一周后，她被一家服装公司录用了。然后，从服装助理升职到助理设计师，设计师。市面上开始出现她设计的作品。

后来，她回到老家，租了一间市中心的旺铺，做高端服装。

她说，当时，以她的成绩只能上一所普通大学，出来当一个普通职员，与普通人结婚度过一生。但这不是她想要的人生。她想另辟捷径，虽然她也恐惧，可是，她想在拼得起的年纪里去拼一下。

她的话深深地震撼了我。一直以来，我都被外界安排着，随遇而安，得过且过。当时已经24岁的我，依然一无所有，一种莫名的不安涌上心头。

我开始思考自己到底喜欢什么，想要什么。

两年后，我升了职，可是并不开心。我的感情也没有一帆风顺，与男友渐行渐远，然后分手了。

我想到了她，她的事业一定很顺利吧，谁料她说："我的店在半年前就关门了，亏损了很多钱。"

我惊诧地问："那你怎么还这么快乐？"

她笑嘻嘻道："因为我要生宝宝了啊！"

她与男方闪婚不过三个月。

我说："你这样匆忙，靠谱吗？"

她说："结婚这件事，我还真没想那么多。"

我愣了愣说："你这赌注下得有点儿大。"

她避开了我的话题，问："你出什么事了？是感情上的吗？"

我说："是。"

她说："离开的都是不对的人，不用难过。"

02

时间是抚平一切伤痕的良药。

　　我进入了婚姻继续为事业拼搏时，她抱着可爱的宝贝出现在了我面前，素颜素衣，笑得甜甜的，看起来那么普通，在人群中一不小心就被淹没了。她笑着对我说，这不就是生活吗？

　　我们一起看着初中的毕业照，曾经那个打篮球很好、学习成绩第一、长相又帅气的男孩，如今是一个上班从不迟到、认真努力的企业中层管理员；曾经的班花，如今带着孩子在商店与菜市场之间穿梭；曾经班里最捣蛋的留着长发的男孩，如今剪了平头，对人谦和有礼。

　　在时间的长河里，我们无法逆流而上。

　　时间让我们在某个阶段自命不凡，让我们在某人眼里卓尔不凡。可是，最终，回归平凡是唯一的答案。

　　她噘噘嘴，指了指她的宝贝儿说道："不知道这个小家伙以后会选择什么，又会在哪个阶段闪耀发光？"

　　是啊，此时，宝贝儿在她眼里是可爱的，可是未来她会有怎样的人生，会在哪里跌倒，在哪里耀眼，谁也不知道。

　　我们唯一知道的是大部分人终究会归为平凡，可是平凡不就代表着平安吗？

　　周国平说：人世间的一切不平凡，最后都要回归平凡，都要用平凡生活来衡量其价值。伟大、精彩、成功都不算什么，只有把平凡生活真正过好，人生才是圆满。

　　我们最终都会归为平凡，但时间会让我们在某一阶段成为别人眼中的不凡。但愿某一天你被别人提起的时候，也算是个有故事的人，不至于成为泛泛之辈，在岁月的沧桑中被草草带过。

亲爱的，你现在很好

01

"因为被你撞见过我最狼狈的样子，所以一定要把你发展为闺密，牢牢变作自己人，否则被你当成奇葩讲给别人听可就太悲剧了。"

这是很久以后，已经成为闺密的她笑着告诉我当初和我的交友的动机。

初次遇见她，是在本市电视台的洗手间里。

那时我大三，在电视台实习，每天不熟练地踩着高跟鞋到处跑腿，终于熬到下班，第一时间奔进洗手间，掏出准备好的平底鞋，准备向地铁站冲刺。

刚刚踏进门的那一刻，我便听见了短促而压抑的哭声。

那哭声仿佛一股击打着石块的溪水，不间断地流淌里散发着绝望的味道，似乎还可以听见声响背后隐忍的钝痛。

　　我定在原地，不敢贸然出声，怕外人的存在会让那个在隔间里抽泣的女孩感到尴尬。

　　然而那哭声还是敏感地随着我进门的脚步声戛然而止。

　　就在我犹豫要不要退出去的时候，一个怯怯的女声突然开口："你好。"

　　"啊，你好……"

　　"那个……请问……你有纸巾吗？"

　　我从包里拿出纸巾："怎么给你？"

　　隔间的门打开了，一位年轻的女孩子从里面走出来，站到我的面前。

　　她穿着一身得体的套装，脚上则是一双十分美丽却不怎么舒适的高跟鞋。我的余光掠过她的面庞，依稀可以看到她脸上的妆因为哭泣已经花了。

　　她接过了我的纸巾，连说了好几声"谢谢"。

　　正当我要走出去的时候，却再次听到那个友好而有些怯怯的声音："真不好意思……我想问一下，你手里那双平底鞋如果暂时不需要的话，可以让我穿一下吗？出了这座大楼就还给你……"

　　到了门口，她将平底鞋脱下来给我的时候，我看见她的脚后跟在流血。

实在于心不忍，我说："借给你吧，改天再还我。"

这就是和她认识的经过。

02

还鞋子的那天，她请我吃冰淇淋作为答谢。不知是否因为甜食总能让女孩子迅速敞开心扉，她主动跟我谈起了那天哭泣的缘由。

她大我一岁，正处于大四毕业前的求职季。由于从小就很崇拜电视上端庄优雅的新闻主播，所以两个月前她便尝试着给电视台投了简历，应聘主播助理职位。本以为这件事已经石沉大海，谁知两个月后居然被通知来台里面试，她欣喜若狂，透支了一个多月的生活费买了一身套装，还特意借了学姐的高跟鞋。

"我前一天晚上紧张得根本睡不着觉，不停地上网查面试可能会问到的问题，把电视台里每个重要主播的资料都研究了个遍。"

"第二天，我坐了快一个小时的公交车，转了半个小时的地铁，提前半小时到了电视台……补完妆刚好进场。"

"结果呢？"我问。

"结果……"她苦笑，"结果，我连自我介绍都没用上。刚刚进门的时候，我看到×节目那个主播和几个人正坐在里面谈笑风生，便轻轻在椅子上坐下。然后那个主播抬起头看了我一眼——用一种仿佛觉得我是在丢人现眼的眼神。"

她说到这里，眼神有些黯淡下去，手指也在微微发抖。看得出来，那次面试对她来讲真的是场噩梦。

她沉默了一小会儿，我便也安静地等待着。

"那个主播看了我一眼，突然笑了。他指着我问：'你的衣服是哪里买的？'我老老实实回答了他：'是在××商场买的。'他似乎是听见了什么好笑的话，笑得越发大声。"

说到这里，她又顿了顿，声音里已经带了点哭腔。我静静地将一张纸巾放到她面前。

"……笑完之后，他认真起来，跟我说：'你回去吧，你干不成。'我急了，问他：'请问是我衣服穿得不合适吗？希望您能再给我一次机会。'可他说：'不是衣服的问题，是你自身条件不行。你看看，做我们这行的，每个人都是什么样子？你长这么难看，别说靠脸吃饭了，你在我面前整天晃悠我都觉得烦心。'"

我有些惊住："他怎么可以这样说！"

公平来讲，眼前的她确实算不上艳丽，但皮肤白皙，眉眼细致，算得上一位清秀的女孩。要讲究上镜的话也许是不够出挑，但绝对不可能让人"看见就烦心"，更何况她应聘的只是一个小小的助理罢了。

"他就是这样说的……这还没结束呢。我攥着简历想要出去，他突然又把我叫回来……我第一反应还以为他是要安慰我几句或者道歉自己的失礼……"

"结果他却说：'顺便告诉你，你的简历我看了，我只能说，你还是死了这条心吧。说难听点，你就算是整容，也没法进这行混。你整个人都不够发光，发光——你明白吗？'"

她一股脑说完，然后苦笑了一下："之后我就出去了，实在忍不住，就躲在洗手间里哭……接着，就遇见你了。"

我点点头。

"也许……我真的不够发光吧。不过，如果说我本来还可以幻想自己身上有那么一点点闪光的话……现在，也算是彻底熄灭了。他根本不会知道……他那一番话对我来说有多可怕。"她摇了摇头，吃了一大口朗姆酒冰淇淋。

这个让人伤心的话题就此告一段落。

03

是啊，那位趾高气扬的主播永远不会知道，他那一番话对于一个女孩来说究竟有多可怕。

　　他也不会知道，那个女孩为这次面试准备了多少，怀抱着多么大的期待。

　　——因为他根本不在乎。

　　他仅仅因为自己在新闻这一行业有了一定的地位，便这样轻松地，将一个怀惴着梦想的女孩打击得遍体鳞伤。

　　——又也许，他也知道，那些话究竟有多伤人。

　　当一个年轻的女孩紧张忐忑地坐在他面前的时候，她想要得到的，不过是一次公平的交谈，一场可以让她展示自己的普通面试。

　　她完全不会去要求必须完美的结局，甚至在被攻击得体无完肤之前，她还觉得"能够得到面试机会就好幸运，像在做梦"。

　　那位担任面试官的主播，假如真的对于应试者感到不满，也应该以合"礼"的方式将之拒绝。

　　他却偏偏选择了最残忍的一种——将这个女孩从头攻击到脚，从相貌攻击到能力，让她的尊严被撕得粉碎，让她原本怀抱着希冀的旅途变得黯淡无光。

　　所幸，我们的故事总是完整的，它不会停留在某个绝望的时刻。

再同她一起去那家冰淇淋店的时候，她已经找到了一份各方面都很不错的工作。虽然工作单位也许不如电视台那么光鲜，但周围的同事都非常友好，让她觉得每天都很充实。

"这里没人会因为我丑而心烦。"她自嘲道。

我严肃起来，正色告诉她："你一点都不丑，在我看来，就算单论外表，你也在我认识的人中属于上乘。更重要的是，凭什么他说你不会发光，你就觉得自己不会发光？不要因为一个陌生人失礼的言谈，影响了你的自信。"

她怔了一下，随即指着我哈哈大笑："我开玩笑的，看你这么认真，太可爱啦。"

回去之后，便收到她的信息："刚才不好意思说，谢谢你"。

04

小时候，我们失去一样喜欢的玩具，往往要用很多新的玩具去弥补。

长大后，失去一份爱情，往往要靠很长很长的时光去抚慰。

那么，不幸失去对自己的信心、对未来的期许，又需要在生命里重新得到多少温暖与鼓励，才能让伤口最终愈合呢？

"总有一天，你会越过别人的那些否定，慢慢成为一个坚强的人。"

某个天气很好的日子，我看到她将自己的签名更新成了那句话。

这一句看似简单的话，似乎也没有太大分量，但唯有身在其中，才知道走到领悟有多难。

当然，让她最终好起来的，不仅仅是我那次义正辞严的鼓励。

耐心的前辈，友好的同事，贴心的闺密，大献殷勤而让她笑称自己"魅力不减十八岁"的追求者……

这些，是每个人生活中随处可见的细小的温暖。

也正是这些，陪伴着她渐渐走出了自卑的阴影。

重新微笑着相信自己和未来。

最近一次见她，依然是在那家熟悉的冰淇淋店。

我在店里坐着，远远就看见她向我微笑着走过来，周身的一切都显得明媚而近乎光亮。

眼前的她，容貌依然不艳丽，但气质却日益淡雅、温和，似一朵静静绽放的雏菊。

她现在过得很不错，拥有了一份稳定而有意义的工作，收入足以维持自己生存与美丽的双重需求。

我们谈到她现在的工作，谈到对以后的期许，继而又谈到她最近有趣的相亲。她生动地向我描述那名男子呆气的举止，笑得我险些把咖啡灌进了鼻子里。

在我们大笑之际，突然看见邻桌的女孩将融化了的冰淇淋整杯泼在对面男生的脸上，自己哭着跑掉了。

一切只发生在十秒之内，场面惊心动魄，好似在拍青春疼痛系微电影。

"肯定是那男生做了什么对不起人家的事儿。"我收回目光，站在女同胞的立场上小声说。

她则笑起来："不管是不是，反正那姑娘应该伤得不轻。"

我摇头："只怕短期内都不敢再碰爱情了。"

她轻轻扬起嘴角，搅了搅手中的咖啡："总会好起来的。那时候我在卫生间里哭了快半小时，不知道有多伤心。可是等哭完了，第一反应便是我必须把自己整理一下。我总要推开门出去。"

我想了想，问她："那次面试——你会不会希望，他们能够对你好一点？"

她点了点头，停了几秒，又摇了摇头。

"我当然希望被所有人尊重，被所有人正视，得到最基本的理解。可是，当我连这些都得不到的时候，我才开始本能地想要抗争。我会觉得我为什么要承受这种莫名的否定？那些否定我的人，从来就没有资格决定我的未来。他对我一无所知，就妄下结论——这荒谬而不负责任的结论，又有什么权利来影响我的生活呢？"

是啊。也许现在的我们，还很渺小很渺小，小到对那些所谓的"成功人士"来说，怀抱着一点梦想都显得可笑。

但我们依然小心翼翼地珍惜着自己做过的梦，欣喜着自己并不显著的每一点成就。——这种怀抱着希望的幸福，任何人都没有资格将之打破。

就像那个曾经将她批评得一无是处的男主播，根本不会知道他那些尖利的言论会如何戳破一个女孩精美而脆弱的梦想。

所幸，我们也终将在这种巨大的、无妄的伤害中惊醒：

我们根本没有任何理由，去接受这种无礼且无理的否定。

那将是我们获得成长的时刻。

05

写这个故事之前，我打电话给她。

"喂，我想把你的事迹写进我的书里。"

"什么事迹？"

"在洗手间偷哭的那段。"

她大呼失策："当时就该想到，跟你成了闺密也没用，更容易变成素材！"

我笑起来："上了贼船就是自己人，想逃也来不及。"

她笑着说我太阴险。

过了一会儿，她又发消息来：

"欤，要写的话，记得说一声，我现在过得很好。"

是的，亲爱的。你现在很好。

我想，她终于走出了那间满是失望味道的小小隔间，补好了被泪水弄花的妆容。

然后从容地坚强起来，渐渐变成一个谁都无法轻易否定的人。

不让我的明天讨厌我的今天

01

我的大学同学佳颖，人长得很漂亮，特别喜欢跳舞，大学期间一直是校舞蹈协会的成员，她的大学生活总结起来：要么在练舞房跳舞，要么在宿舍睡觉。

毕业后，大家都忙着找工作，有做摄影师的，有做文案策划的，有跑业务的，也有做文员的。不过这些工作佳颖通通都看不上，觉得工资低、没自由，还被人呼来唤去，她要找工资高又没什么事情的那种工作。

正当佳颖一筹莫展的时候，还真有块"馅饼"掉到了她的面前。一则"舞蹈团队招队员"的招聘广告引起了她的注意。这个舞蹈团队开的工资非常高，比我们这些同学的平均工资高好几倍。佳颖欣喜万分，就前去求职。

她的舞蹈可不是白练的，很轻松就被录用了。

对舞蹈的热爱，再加上高工资的吸引，即便后来佳颖知道这个舞蹈团队是在各种夜总会和娱乐场所跑场子，工作环境极其复杂，她还是没有拒绝，坚持做了下去。

舞台上的风光，舞台下的掌声，纸醉金迷的生活，让佳颖渐渐忘记了喜爱舞蹈的初衷。

某次同学聚会结束，我们几个姐妹一起闲聊，其中一人问佳颖："你打算一直这样跳下去吗？"

"为什么不跳？收入高，做的又是我喜欢的事情。"佳颖言语里透着神气。

她都这么说了，我们也不好再说什么，随便聊了几句就各回各家了。

02

时光荏苒，一眨眼，佳颖三十岁了。

这些年过去了，大多数同学都成了家，也都有了自己的孩子，日子过得虽然不那么轰轰烈烈，但大都温暖而平和。很多人通过自己的努力也渐渐可以独当一面，成为某些大公司的部门小领导，也有一些人积累了一定的工作经验和人脉后开始创业，事业做得风生水起。

那个关心佳颖的女生现在也已经是某家广告公司的艺术总监了。

而这时候，佳颖却失业了！她所在的舞蹈团队陆续又招聘了很多比她年轻漂亮、舞姿曼妙的年轻女孩，而她也因为年龄渐渐增大，跳不动了，最后只能被淘汰掉。

离开了舞蹈队，看着出租屋里堆积如山的衣服和鞋子，佳颖无奈地叹了口气。她发现这些年的时光全都被自己浪费掉了，除了跳舞，她什么都不会。

可无论怎样，生活都得继续，她只能从头开始，一连应聘了好几份工作，都被刷下来了，因为她连最基本的办公软件都不能熟练使用了。最后实在没办法，她到了一家服装店做了一名导购。

眼看着同学都结婚生子了，她也开始思考自己的人生大事，开始了自己的相亲历程。可别人一听说她都三十多了，立马就打了退堂鼓，有几个同意交往的也都是离异的，她自己又不甘心，就只能一直拖着了。

此时的佳颖，真是悔不当初。

03

对于刚走上社会的小青年来说，一开始不要太看重金钱，而是应该根据自己的兴趣选择一份可以长久发展的职业。年轻的时候工资少一点，困难多一点，其实是好事，因为这些都会成为你以后的财富。千万不要因为一时的安逸，而误了你的前程。

我们总是会面临各种各样的选择，每一个选择后面紧跟着的都是我们的未来。你现在的每一个选择对应了你以后会过什么样的生活。虽然有时候我们并不知道这些选择会产生什么样的影响，可是只要我们好好分析，慎重考虑，总可以做出对我们最有利的决定。

年轻的时候，我们最缺乏的是经验和历练，也许一开始会很难，不知道该如何走下去，也会因为不够理智而做出一些错误的选择。这有时是不可避免的，但是我们要有及时刹车、及时调整方向的能力。

千万不要等到所有事情都尘埃落定才发现这一路走来都是错的，也不要等到年纪大了，躺在躺椅上抱怨这一生的碌碌无为。在还能改变的时候，多给自己一次机会，也许你的人生就会大不一样。

记住，如果你现在过得不好，那也许是因为你过去不够理智。

人生如戏，你是自己的主角

01

去年夏天，刚满十八岁的表妹大学放暑假，来到家里与我同住。

我们从小便十分要好，凑在一起总有说不完的话。这一次，一向开朗的表妹却有些心事重重。

清晨我去车站接她，便见她双颊有些消瘦；上午喝了两杯冰茶，她依旧一副闷闷不乐的模样；下午同我看了场电影，她被影片中为追求梦想而辛苦奔波的主人公感动得泪如雨下。

直到快要入睡，她忽然问我："姐，你十八岁时有没有觉得很迷茫，好像自己一直在失去，却什么都没有得到？"

我拉着她的手，问她是不是受了什么挫折。

　　她点点头，又摇摇头。然后在我的循循善诱下才打开了心扉：进大学已经快要一年，生活却越来越不在自己的掌控之中。一开始的兴奋劲头渐渐褪去，在学生会的也工作只剩下疲烦；天天社团聚会，时间久了全变成应酬；周围同学各自恋爱少有共处，她一个人待着无聊，便也接受了一个较为优秀的追求者……最最让她沮丧的，则是她越来越清醒地意识到，自己根本不知道未来究竟想要做些什么。

　　"暑假前我们分手了，还是会觉得有点难过。可是更难过的，是我究竟在做什么呢？——一年的大学时光已经过去，我只平添了一段失败的恋爱史。我根本不知道自己每天应付的课程对未来有多少用处，根本不知道我现在做的事情是不是我真心喜欢的，更不会知道毕业之后我究竟想要做些什么。"

　　她拧着眉头，忧心忡忡。我一时不知道怎么安慰她。

　　表妹从小就是个优秀又早熟的女孩，也正因此，她才对自己有着更多的要求。

　　我试着讲一些大道理，同她讲未来总会好起来，她都只是闷闷点头。最后她索性起身打开书柜，要我先睡，她要翻翻我的书培养睡意。

　　不知几点钟，被表妹推醒，迷迷糊糊睁开眼，她眼睛里竟闪烁着几点激动的光芒。

在她的手里，握着一本我觉得十分眼熟的旧笔记本。

"姐，我看了你过去写的日记。"

在我还没反应过来的时候，她便迫不及待地指向其中一页：

"我好喜欢这个故事。"

——《每只松鼠都曾经在枝繁叶茂的大树里迷路》。

当我顺着表妹的手指看到这行题目的时候，已经不太记得起自己何时写过这样一个故事。

于是我顺着看下去：

"有一只年轻的小松鼠刚刚离开大树第16层的家，独自住在198层的单身小树屋里。

"它事实上是在念'国际松鼠权益保障与可持续发展大学'的学士学位，却总是在每个有阳光的午后呆呆躺在床上，或者打开笔记本这里看看那里看看，好多好多光阴就这样哗啦啦过去了。

"它有时候想到没有做完的实验和资料整理也会垂下眼睛忧郁地注视着地板，但之后焦虑和郁闷却让它更加无法离开自己干燥的小树屋。

"很多时候它什么都不做，时间就这样浪费给语焉不详的消遣和呆滞的思维，有时甚至用衍生出的消极情绪不小心伤害自己和别人。

"它想到前途和出路，有时候也会紧张得脖子上的绒毛都在颤抖，褐色的瞳孔放大，像两个晶莹的玻璃球。

"可是啊，这样慵懒的生活总会迎来狼狈而紧张的阶段性收尾。即使考试、比赛、约会的结果往往依然不算太坏。可是在每一次筋疲力尽的Deadline（截止日期）前的冲刺后，它都有些忧伤——原本我可以做得更好吧？

"等啊等，拖啊拖。可是它的眼前永远不会出现赐给它南瓜马车的仙女。就连运气总是很好的灰姑娘，在遇见仙女前也是灰头土脸地勤勉地在做着家务，而不是每天紧张兮兮却又无所事事地注视着天花板。"

"呃……"读到这里，我有些不好意思。我已经有点想起，这个故事似乎是在上大学不久后随手写下的——那时候我正被自己的拖延症搞得心烦意乱。

"你知道，拖延症确实不是个好东西……"我挠挠头说。

表妹跑到我身边抱住我："原来姐你也跟我有过同样的感受。一下子觉得好安心！"

我想她说的"同样感受"大概不只是拖延症。于是我继续看下去：

"小时候的同伴考拉给它写信：'亲爱的松鼠，你还好吗？我最近更胖了，不方便过去看你。听说你现在在念书，有时候

还去旅游，过得充实而惬意。你是同伴中最勇敢最活泼的一个，你过得一定很快乐吧？我们都在这里祝福着你。'

"小松鼠打起精神来，坐在橡木小桌子上给它回信：'亲爱的考拉，我很好。胖点比较可爱，你不要担心，我的肚子和大腿也越来越重了。听说你娶了老婆，有了孩子，过得很温馨……'

"它想了想，继续写：'其实我也很羡慕你们，我很累，也有点不知道未来怎么办。'然后发了一会儿呆，把这行字涂掉，慢慢写上：'我也很好。每天都很快乐。好久没有旅游了，太忙了，下星期我还有一篇东西要交给刺猬教授。总之我过得很好，大家不要担心。'"

"上个星期，高中同学打电话问我过得怎样——我很想说很害怕很不快乐，但是似乎觉得很别扭，最终只是说我很好我没事。"表妹鼻子有些红。

我拍了拍她的头，她便温顺地靠在我肩膀上，像只乖巧的红眼睛小兔子。

"很开心这个故事能唤起你的共鸣，让你感觉好一些。"我说。

"不，虽然共鸣很重要……但更让我觉得安慰的，是我看到了这只小松鼠轻松而美好的后来。"

我笑着说："真实的后来，有时候会比故事里的更美好。"

表妹迫不及待地让我看下去，并说："总之，看完这个故事我真的感觉好多了。"

02

于是我再次收回目光，乖乖地看完了自己在日记里创造出的那只拖延症小松鼠故事：

"时间像洒掉的牛奶一样大片地过去，有时候甚至比牛奶流得更快一些。要是它们像小熊罐子里的蜂蜜那么黏稠，依依不舍缓慢离开，该有多好！"

"而那些惴惴不安与如释重负交织的日子，竟突然会在不知不觉中变成过去。"

"曾经以为根本不知道怎么办的未来，最终也并没有想象的那么糟糕。"

"终于有一天，小松鼠长大了。它用很多很多青春的岁月，想明白了自己慌张和惶惧的根源，还有一直寻找的问题的答案。"

"它很久以前就已经长大，松鼠爸爸和松鼠妈妈仍然在16层的大屋子里等它回家。可是它早就不能再被已经戴着老花镜的爸爸像玩具一样举得很高，每天也不会再被已经走得很慢的"

妈妈叫醒去上幼儿园。它已经长大，不该再等待别人给自己收场。"

"每个生命历程都是一场独自的旅行。地图要自己摸索，方向要自己选择，生存要自己努力，就连支撑和祝福都要学会自己给自己。"

"所以，觉得自己不美丽，就去学习提高品味和打扮自己的方式；觉得自己内心不够强大，就多多读书；觉得生活有太多时间用来打发，可以试着专注地完成一幅画；觉得事情太多太烦躁，就赶紧一件件完成然后给自己放假。寂寞了可以写日记，惆怅了可以听音乐，太过昏沉了可以带着地图去踏青，太过疲乏就乖乖安静闭上眼睛。"

"如果你了解每种咖啡的性格，熟知一座城市的故事，穿着自己心仪的衣衫，关心着喜欢的食物和运动，生活哪里需要去被虚华证明、被虚荣心支持、被虚伪的夸赞呢？"

"假如你恰好又找到了了解、相信和支持你的人，所在之境，便已近乎仙林。"

"每只松鼠都曾经在树上迷路，但它仍然会在故事的最后得到最喜欢的那颗松果。"

"每个年轻着的人都很迷茫，每个人也都会这样迷茫着长大。"

"终于有一天，迷茫的小松鼠离开了氤氲的雾，看到了清晰而安谧的森林。"

最后我看到了自己写下这个故事的时间——是我十八岁的生日。

其实故事里小松鼠的结局，似乎根本就不是一个完整的结局。它更像是小松鼠认真地写给未来自己的信。

"现在我十八岁，现在我很年轻，现在我不知道未来会怎样，现在我常常觉得慌张。"

"可是我在慢慢好起来，和所有曾经迷茫的人一样。"

这就是十八岁的我，送给自己的温暖期待。

03

后来，表妹回到了学校。我们偶尔还会电话联络，她再次开朗起来，并且不断迎接着生活中日渐增多的新鲜与快乐。

我知道，她在接下来的日子里，还是会悲伤与开怀错落，自信与沮丧交替。

或许她也会恋爱，会失恋，会认识新的朋友，会感受到被排挤，会为考试熬通宵，会一个人大哭着入睡，会和知己们狂欢一整夜。

就像曾经的我一样，就像每个人十八岁那年的青春一样。

　　而最终，她会好起来。好到出乎自己的意料。

　　她会变得不再在乎那些琐碎的得失，不再纠结于他人的看法，不再沉陷于生活的烦恼，不再迷茫明天究竟会怎样。

　　因为一个接一个的明天，正在接踵而至。

　　它们永远新鲜，并且永远充满希望。

不将就，不凑合

01

"不将就，不凑合"是现今很多新新人类的座右铭，越来越多的小青年都宣扬着这样的理念，彰显自己的个性。我的好朋友小秋，无疑对这六个字作了最贴切的注解。

年少时候的小秋和所有的女孩子一样，很傻很天真，对爱情抱有不切实际的幻想。大学时，她谈了一个男朋友。男朋友出身单亲家庭，小秋觉得要给他更多的关怀。为了照顾他，她甚至改变了自己的饮食习惯。

毕业后，男生不愿意留在西安，也不愿意去小秋的老家。无奈，小秋放弃了自己的一切，跟着男生去了他的老家——西部偏远山区的一个落后城市。大家都劝她："你可想好了，这一去可能你这一辈子都无法离开那个地方了。"而小秋满脸憧憬，谢绝了所有人的劝告，毅然决然地踏上了西去的列车。

我们都以为她这辈子要在那个贫穷的小城市里生根发芽了，不承想，一年以后小秋回到了西安，考上了研究生。我们都特别好奇是什么让她果断放弃了曾经心爱的男人。

小秋云淡风轻地说："他和他妈妈总是只管他们两个人，完全不顾我的感受。在他家里，我总觉得自己多余，每天杵在那儿非常尴尬。一想到我这一辈子都要在这个城市度过，孤独落寞地当他和他妈妈的旁观者，我就没有办法说服自己这么将就凑合地生活下去，我想我一定会后悔。与其以后后悔，不如趁还来得及，现在就做决定，这样对双方都好。"

虽然小秋表现得很平静，但是我们都看得出来她的心很痛。就像她说的"长痛不如短痛"，早早结束这样的错误就不会发生更大的错误，对彼此都好。

三年后，研究生毕业，小秋只身去了北京，不为任何人，只为了圆自己的梦。又过了三年，小秋去了一家大型外企。又三年，她成了公司部门主管。

小秋说，她现在想通了，自己的人生就该自己把握，任何时候都应该不将就，不凑合。现在的她，经常全世界飞，咖啡只喝现磨的，衣服、鞋子只买四位数以上的。她一直非常努力，才有资格这样"任性"。

不过，在我看来，"不将就，不凑合"这六个字也是分情况的。像小秋，不愿意凑合自己的生活，不愿意将就自己的人生，通过自己的打拼，实现了梦寐以求的生活，这当然是值得我们每个人尊重和学习的。还有一种"不将就，不凑合"，恰恰有可能会破坏我们原本美好的生活。

02

有一次，在一个QQ群里和关系特别好的网友聊天。她告诉我，前一段时间她在网上看到一篇名为《太懂事的姑娘，大多没什么好结果》的文章之后，果断和她的丈夫吵了一架，最后把婚给离了。该网友说，她不打算将就凑合了，她凑合了这么多年，不想再过这种日子了。据我们所知，她丈夫人还是不错的，对她很好，也没什么不良嗜好，就是平时勤俭节约一些，买超过一百块钱的东西就要精打细算。所以对于她的选择，我们都表示不解。

她和她丈夫刚认识的时候，两个人都没什么钱，所以一直很节省。他从来没给她买过一件像样的礼物，就连他们结婚时候的戒指都是地摊货。她当时也都理解，觉得只要两个人相濡以沫，努力奋斗，生活总会好起来的。

经过好几年的打拼，他们现在条件好多了。她就想着对自己好一点，买点好的衣服、好的化妆品，可她丈夫连她这点的要求都不同意，有时候她用自己的工资买，也会遭受冷嘲热讽。

说到这里，她发了那篇文章的一段原话："当一个男人送你一份廉价的礼物，他竟然从不觉得你满足的笑容是出于对他自尊心的爱护，这样的礼物从此连绵不绝，可是再不是当年一样的情谊。他会忘了你曾经愿意吃多少苦、用多少心去体谅他、陪伴他，他开始觉得在这样的陪伴和牺牲里，你也收获了自己想要的满足和爱。我逐渐开始懂得，从我收下第一份廉价的礼物开始，在他心里，我从此便是几百块钱可以取悦的、不识货的女人。"

然后，她反复强调："没错，在他的眼里，我永远都是那个几百块钱就可以取悦的、不识货的女人。既然如此，那只好让这段关系结束了。"

打那之后，她在群里就很少说话，不像以前那样喜欢闹腾。

有一天，闲来无事，我们又聊了起来。

我问她："你现在快乐吗？"

她说："一开始蛮快乐的，想要什么买什么，再也没有一个人在跟前絮叨个没完没了。可是一想到以后再也没有一个人约束自己，又觉得很失落……"

我们群里所有人都觉得她婚离得太轻率，有点小题大做了。

03

有时候，我们有一点约束就叫嚣着渴望自由，就打着"不将就，不凑合"的口号忘乎所以。其实不然，心还是那颗心，被管制不快乐，不管制就快乐了吗？这其实是我们逃避生活的一种方式。

有时候，我就在想到底什么样的人生才算是不将就，不凑合呢？对于个人而言，不将就凑合现状，努力奋发前进。可是对于别人，我们就不能那么苛刻。人无完人，谁身上都有缺点，如果因为不能忍受别人的一些缺点就恶语相加，还美其名曰"不将就，不凑合"，其实都是自私心在作怪。

与人产生摩擦，忍一忍，大事就化小，小事就化无了；红绿灯前等一等，可能就避过了一次危险；同事总爱占便宜，这次你吃亏，没准下次你就占了大便宜了；家里关系不和睦，心平气和地把道理说清楚，可能也就什么事情都没有了。

把一段糟糕的关系或者一件不喜欢的工作努力做到自己喜欢的样子，应该就叫"不将就，不凑合"吧！就像是一个日渐堵塞的下水道，你要做的不是凑合着用，也不是立马重新换一个新的，而是想办法去疏通这个已经堵塞的管道，使得它变得畅通无阻。

练习一个人

01

认识一个女孩，叫晓梅。大学毕业后不久，她就嫁给了感情甚笃的男友。男友也算"富二代"，大家都说女孩命好，嫁给了殷实人家，从此以后就可以过上少奶奶的生活了。

但是她可不愿意这样。生完第一个孩子后，她就借助夫家的实力，在美容领域里发展自己的事业。没几年工夫，她就又开了几家分店，事业蒸蒸日上。她可是事业与生活两不误，这期间，她又生下了第二个孩子。至于她和丈夫的感情，也一直都很稳定。她真可谓事业与爱情双丰收的幸福女人。

有人问她："为什么不安心在家过少奶奶的生活呢？不缺吃少穿的，何苦把自己弄得那么累。"

她回答："我一直希望自己在美容领域里占有一席之地，因为拥有一个属于自己的事业会让我更自信。"

有人说，不是每个女孩都有晓梅这样的幸运，嫁了个有钱的好男人。但我相信，幸运这个东西是存在的，虽然它不起决定性作用。如果晓梅自身不勤奋、不努力，那么恐怕有再好的平台，她也不会展现自己。像晓梅这样能嫁进富贵人家的女孩也不少，但不是每一个都能有晓梅这样的眼界和胆识，她们更多的是安于现状，得过且过地过少奶奶生活，而想不到去开创自己的事业吧！

不可否认，家庭优渥的女孩，可以衣食无忧，可以享受到更好的物质生活。另外，对将来事业的发展也有很大的帮助。不过，那不意味着不努力就可以随随便便获得成功。靠父母，父母总有一天会不在；靠爱人，爱人可能有一天会离去。纵使背景深厚，如果不学无术，只知道吃喝玩乐，这一生又能有什么价值呢？只有那些有自己的想法，勇于开创自己事业的人，才是智慧之人。

女人嫁得好，自然可以算是一种福气。可是嫁入富贵人家真的就一劳永逸吗？梦碎豪门的少妇我们见得还少吗？把未来当赌注压在一个男人的身上，是一件很冒险的事。虽然男人靠谱与否跟有钱没钱无关，但不能否认，有钱的男人对于许多女人来说更具有诱惑力。你确信，你依靠的这个男人能对你始终如一吗？你凭什么样的魅力把对方的心稳稳抓住呢？

凭年轻美貌吗？你要知道，这世界从来不缺乏有姿色的年轻女人。母凭子贵？这天下又不只有你一个会生孩子。撒泼、耍赖、秀下限？那你还是趁早走开吧！

拿父母当靠山，山有一天也会倒；把婚姻当成安乐窝，窝说不定有一天也会坏。其实，谁都有靠不住的时候，最后还得靠自己。

所以，生得好不如嫁得好，嫁得好不如干得好。

晓梅无疑是非常聪明的女人她不仅让丈夫看到了她作为妻子柔情的一面，还向丈夫展现了智慧的一面。这样的女人，智商高，情商更高。她知道如何让爱情保鲜，更懂得怎样做才能让自己更具有魅力。人生赢家，说的就是她这样的女人吧！

02

记得还看过这样一篇采访：

主人公雨彤，雅玛瑜伽会馆馆主，现任温州电视台女性栏目瑜伽导师。

记者问："你也说过，创业是件很辛苦的事，那为什么还想要去开瑜伽馆呢？"

雨彤回答："开瑜伽馆一直是我的理想，不管是女人还是男人，我觉得活着总得去做点什么，尤其是做自己喜欢的事，并且尽力而为。当我们老了的时候回头看自己走过的路，感觉还是有很多美好的回忆，不至于为自己年轻时候的不作为而后悔。"

这些事业有成的女人，都有一个共同特点：不肯依附于人，坚持为自己的梦想而努力。

想起三毛说的一句话："一个人至少拥有一个梦想，有一个理由去坚强。心若没有栖息的地方，到哪里都是流浪。"

无论你是单身，还是已婚，都不能有依赖思想，不能事事指望他人，你要练习一个人。自己能有上万的月薪固然好，能有三两千的薪水也不错，起码你有能力养活自己，为此你就该感到骄傲。你有独立的灵魂，有专属自己的梦想，那就付诸行动。要知道，不肯为之付出行动的梦想，只是白日梦。

我们都知道，努力不一定能达到你预期的效果，但是更显而易见的是，不努力就一定没有效果。女人要做家庭主妇也没什么，但你不能让自己无所事事，怎么也得给自己找点事情做，让自己充实起来。如果一天到晚地做美容，泡麻将馆，那么你不嫌弃自己，对方也迟早有一天会厌恶你。别浪费时间，去尝试着开创自己的一点事业，哪怕是做家庭手工或者网上开店等。

总之，女人为了活得独立，就必须发挥自己的专长，尽力挖掘自己的潜能，让自己的脑细胞活动起来。你只要愿意，总能找到一件让自己独立的事。这很重要，因为毕竟婚姻是两个人的较量与承担，而不是一个人的努力与奉献。要想不被人看不起，你首先得做出让人看得起的事，对吧？

女人活得独立才算是精彩，才称得上成功。可是假如你想取得人生的成功，却又不想努力，那就是天方夜谭了。给你一个机会，你不懂抓住；给你一个平台，你没有能力施展自己的拳脚。这只能说明，你不是这块料，或者说你还没有做好准备，还没有具备足够的能力和自信。

可是，没有无缘无故的自信。自信是需要培养的，有时候一点小小的成功就会助长自信的建立。所以不妨把目标定得低一些，那样成功的概率就会大一些。

03

那些信心满满的魅力女人，她们大都活得独立，坚守自己，同时也拥有足够的能力。她们自信，果敢，自主，哪怕靠近一棵大树，也不做缠树的藤。这样的女人，如何能不让人佩服？人生态度，决定人的生活质量。女孩，想成为什么样的人，这是非常重要的。因为只有确定了自己的人生目标，才能朝着方向一步步努力。而要达到成功的目标，就必须自己为自己做主，自己为自己喝彩，自己做自己的依靠。

人生就是一场博弈，女人无论在哪种状态，都要懂得坚守自我，懂得冷静思考。女人要有自己的事业，不一定要多辉煌，但至少你得挣够钱满足自己的需要。即使做一个普通的职员，或一个平凡的体力劳动者，那也很好。自己挣钱自己花，怎么开心就怎么花，不需要看别人的脸色行事，不是很好的事吗？

女人，还要拥有自己的交际圈，要有良好的生活习惯，有富足的精神生活。多一点平和心态，多一点达观心理，多一点正能量的价值观念。要记住，女人可以不当"女汉子"，但也不能太软弱。你必须要有独立面对这个世界的勇气，有谁没谁，你都要活得独立，因为活得独立，人生才会精彩。

把生活还给自己

01

阿文最近因为PPT制作教程在网上火得一塌糊涂，下面我就来讲讲他的故事。

2012年，阿文刚毕业不久，在一家公司做实习生。他读的是经济管理专业，但非常喜欢图文设计。

父母想让他回家考公务员，他拒绝了，说："抱歉，我的梦想很值钱。"

他的梦想是在三十岁之前出一本自己的漫画书。他也知道，梦想固然可贵，但还是先做好眼下的工作，养活自己再说。

那时，他做的PPT总是不能通过。但他没有气馁，开始在网上找各种课程来学习，后来又模仿电影海报的设计。2013年，他人生的拐点来了。他报名参加了一个制作PPT的专业比赛，两天内做了46张PPT，并因此进入PPT制作行业，遇到了能激励他的人。他开始疯狂学习别人的长处，学人家的专业技能、设计思路、工作态度，所有这些都让他受益匪浅。

他经常感慨，如果你有机会制作一个一百页以上的PPT，你就会被逼成PPT高手，因为，那真的意味着蜕变。

进入PPT圈子后，阿文又开始向更优秀的人学习，并不断进行模仿、创作。后来，他根据自己多年来制作PPT的感想和领悟，写出了PPT系列教程，在微博上大火，阅读量超过两千万。

很快，他成为PPT界第一个靠出售模板收入过百万的人，至今仍无人超越。接着，他成了国内顶级发布会的御用PPT设计师，设计单价高达一千元一页，还根本忙不过来。

现在，他的梦想一年就值二百三十万。不知道他的父母现在是否已经乐开了花，因为他的梦想变现了，他的坚持获得了社会的认可。

02

我的小妹夫学的是美术专业，擅长设计，还是校摄影社的社长，在校期间可谓风光无限。

毕业实习时，他在郑州一家大公司做摄影，由于做事勤快，专业过硬，颇得领导赏识，就被实习单位留下了，而且待遇优厚。

小妹夫踌躇满志，准备大干一场，成就一番事业。但是即将退休的父亲的一个电话，让他从此断了念想。

他父亲一直在国企上班，思想保守，想着自己和老伴儿退休之后，可以让出一个名额，让孩子接班——这是他们单位的福利。小妹夫是家中独子，父亲又临近退休，就想让他回来子承父业。老人觉得在国企上班才是正经职业，总比在大城市漂着好。

小妹夫开始坚决不从，没想到竟惹怒了父亲，父亲以断绝父子关系为威胁，逼迫其回家。孝顺的小妹夫没有办法，只好放弃了梦寐以求的理想工作，乖乖回了老家，进了父亲工作了一辈子的国企。

如今，小妹夫在车间做了一个小组长，每月拿着在当地看来还不错的工资，忙得像个陀螺。

他的摄影梦，他的绘画梦，只能被深深地藏了起来。只是偶尔在喝多的时候，他会发出一声感慨："如果我当年没有放弃梦想，那该多好。"

可惜，时光不能倒流。每个路口的选择偏差，都会让我们痛失机遇。

03

在外地漂泊的这些年，我常常遇到很多名校的毕业生，有不少都在父母的安排下，老老实实地回到了家乡，按部就班地工作，毫无波澜地过着日子。

我问过喜欢大城市的创业氛围但最终做了公务员的慧："你为什么要回小城市？"她说："我父母不想我离得太远，我也不想太累。"

我问过喜欢设计但最终却回老家做了体育老师的枫："你为什么不在大城市寻找机会？"他说："娶妻买房，压力太大，只好委屈梦想。"

我问过喜欢舞台最终却选择回老家随便找了份安稳工作的蓝："你为什么没有去实现自己的梦想？"他说："父母年纪大了，还是实际一点好。"

他们中有的人才华横溢，有的人能力出众，不是没有心存梦想，不是没有努力争取，只是，他们都败给了现实。

一万个人之中都出不了一个阿文那样的人，因为大多数人都没有阿文的勇气，没有阿文的魄力，更没有阿文的执着。

梦想不是谁都能实现的，它独独青睐敢于坚持的人。大多数人终其一生，都无法实现自己的抱负。我们要明白，心中尚有梦想，是多么值得庆幸的事。

如果有一天，孩子准备振翅高飞，身为父母的，应该做他翅膀下的风，助其高飞，而不是剪断他的羽翼，让他忘记飞翔。每个有梦想的人，也请记住，你的梦想很珍贵，不要轻易放弃。无论是来自父母的压力，还是现实生活的磨砺，都不要向它们妥协，那些打不倒你的，必将使你更坚强。

未来很长，生活很难，但如果有梦想做伴，也会甘之如饴、无怨无悔。

自己活得丰盛，才是正经事儿

01

和心电图的"一波三折"一样，除非死亡，要不然没有谁的人生是一帆风顺的。

来到这个世界上，每个人都会有顺境和逆境，都有高潮和低谷。如果你渴望自己的人生是一路坦途，那么只有两种可能：你已经死去，或者你从未活过。所以怎样面对人生中遇到的难题才是我们每个人都要认真思考的问题。

也许你正处人生的低谷，望着周围的高山，看不到前进的路，不知道自己的方向在哪，这时候你应该遵从自己的内心，选择一个方向，坚定不移地一直走下去。又或者你现在事业成功，家庭美满，前途一片光明，但千万别因此而忘记了自己曾经的坚持，选择性屏蔽生活中存在的问题。人一定要在逆境的时候坚守本性，在得志的时候勿忘初心。只有这样，奋斗的路途中才充满花香。

下面我要说的这件事，和所有的狗血故事一样。

A是一家公司的小职员，年轻漂亮，学历高，身边有一大群追求者，她却一个都看不上。她的收入不高，只能满足基本生活需求，所以每次同事朋友谈论时下流行品牌的时候，她心中总是有诸多委屈和不甘，总幻想着能遇到个年轻帅气的富二代。可惜天不遂人愿，她一直没有运气遇到。

而B则是公司老总的夫人，徐娘半老，狂妄敏感，因为担心年轻姑娘们觊觎自己的男人，所以她经常把一句话挂在嘴边——你们给我记着，这里的一切都是我的。

这句话本身是没有错。的确，这个公司乃至老总本人，都是B的。可是她狂傲的语气和态度，让A很不舒服。

A觉得自己年轻貌美，哪一点比那个身材走样、满脸褶子的女人差了？凭什么这样的人都可以拥有那么多的财富，而自己却不能？所以她决定演一出"夺宫"好戏。

可是A忘记了，B能有如今的财富，完全是她用她的青春陪她老公打拼得来的。B走样的身材和满脸的褶子，记载了她这些年耗费的所有心血，这是任谁都没法磨灭的。

再者，一个叱咤商场多年的男人当然不是傻子，他深知没有他老婆就没有他的今天，又怎么会轻易抛弃和自己一起打天下的发妻呢？

转眼间一年过去了，A的"夺宫"戏码并没有成功。A自己都看不起自己，也因为事业上没有什么起色而深感无能为力。她很无奈，眼看着自己一步步陷入其中不能自拔，只觉得寂寞、空虚、恐慌，不知道未来该何去何从？更让她心里泛酸的是，曾经被她拒绝的那些穷小子们，通过自己的努力，大多事业都有了起色，找到了合适的女朋友，自己再不能觍着脸回头找他们了。

A到现在都还执迷不悟，愤愤地想，要是当初B不那么张狂，她也不会陷入这样的生活。

上面故事里谁是谁非，我且暂时不予评论，我想说的是无论何时何地，我们都要坚持自己的本心。可能我们年轻的时候会有迷茫，会走弯路，但是总有一天，我们会明白，很多东西远比财富本身更珍贵。

02

在《笑面人》里，雨果先生有一段关于人性的描述："人在厄运中的抵抗力强于他对荣华富贵的抵御能力。遇上倒霉的事能全军而退，碰到好运却不尽然，贫贱是龙潭，富贵是虎穴。

在雷击下能挺起腰板的人却因灿烂夺目的光彩而倒下。你不曾因悬崖峭壁而惊愕，却怕被云彩和梦幻的翅膀带走。"这好像是人性的通病，很多人都缺乏对自我的正确认识，以为靠出卖某些东西走捷径就能达到自己想要的人生，殊不知在变节的一刹那就注定了和成功背向而行。

我想，很多人能够独自走过艰苦的岁月，却在晚年对财富起了贪婪之心，导致晚节不保的最重要一个原因，就是没有坚持住自己的本心。或者说，一个人拥有了财富和权利之后，很容易不再对周围的人怜悯，不再尊重他人，不再体恤别人。这些都是人性当中的一些不完美。正是因为人性有诸多不完美，我们才要学会笃定，才要学着坦然。不论是逆境还是顺境，都要保持自己的本心不变。

现在很多人都在说正能量，可正能量到底是什么？每个人都有自己的看法。我觉得正能量其实很简单，就是坚守本性。贫穷的时候，坚持去充实自己，激励自己走过人生的薄冰。越是艰难越要学习，学习做人的道理，学习技能，学习知识，学习别人的长处，要一往无前乘风破浪，纵然伤痕累累，也能够笑着坚强。而在顺利的时候，更应该直面自己的欲望，坚持有所为有所不为，让我们可以在阳光明媚的日子里充分享受生活带给我们的快乐。

　　不张狂，不做伤害别人的事，尊重他人，不践踏弱者。只有这样，你的成功才真正会被赋予意义。虽然我们做不了人民币，做不到让所有人都喜欢，但也绝不能做一堆垃圾，让别人都恶而远之；虽然我们不一定能做到雁过留声，死后留名，但也要活得像一株兰，走到哪里，都散发着一股清香。

　　自己活得丰盛，这才是最重要的正经事。

日子过成什么样，在于你的选择

01

我上小学的最后一次新年晚会，表演的节目是散文朗诵，朗诵朱自清的《匆匆》。我站在教室中央，一板一眼地念着，可是没什么人在听，同学坐在四周聊天说笑。在那个年纪，朗诵是不受欢迎的，同学们更愿意看小品，模仿老师，模仿同学，模仿谁都行；再不济也会有唱歌的、弹乐器的；最最无聊的，就属朗诵了。

我在"嗡嗡"的嘈杂声里念完了，同学们用稀稀拉拉的掌声送我回到座位。只有老师听得很投入，末了，还问大家："你们知道朱自清想要讲什么吗？"教室里一下子变得很静，老师又问我，其实我也不太懂，不过还是拿出教科书式的答法："告诉人们要珍惜时间吧。"老师点头，又摇头，说："现在你们不会懂的，但总有一天会知道时间是多么宝贵。"

　　小孩子读不懂《匆匆》，因为他们从来不把时间放在眼里。对朱自清来说，水里淌过去的日头影子就是流失的时间；可在他们眼里，那只不过是太阳亮灿灿的余晖。有时他们也能感知时间的存在，只是与朱自清恰恰相反，他们感受到的时间很慢，比如上课的时间，比如生日的倒数，比如迟迟不来的长大。那种一回首，一周、一个月过去了的感觉是不曾被在意的。那样的年纪，即使发现了大概也会满不在意地摆摆手，只不过是一周、一个月而已，往后的一周、一个月多的是。所以，作为小孩子的我们怎么会懂。世界上有许多事情只有经历过才会懂，那年说我们不懂的老师，也并不愿苦口婆心地去解释，大概也明白这是一件旁人再怎么说也没用的事情，死记硬背也没用。只有一旦到了那个年龄，过了那个坎，哗，就忽然一切都明朗了。

　　所以你是什么时候开始意识到时间的加速了？ 18岁？好像不对。20岁？好像也并不准确。时间加速的奥妙就在于，它像温水煮青蛙那样，一点点地升温，让你无防备，等你意识到它的加速运动时，它已经走很远了。

　　时间疾走，我们也急。可是我们并没有朱自清那样的闲情逸致，只好叹一口气："唉，时间怎么走得这样快？"

是否承认时间走得快，是人年轻与否的分水岭。有些人自此意识到了时间的宝贵，开始尝试挣脱时间的束缚；而有的人，则认为无可奈何，放弃抵抗，最终成了时间的奴仆。从科学角度来看，时间确实是恒定的，无论我们怎么做怎么想，它都不会为我们停留半秒。可对每个生活在柴米油盐中的个体而言，决定时间速度的那个人，是我们自己。

首先来看为什么我们会突然觉得时间变快了呢？那是因为我们的耐性变差了，我们期望比时间走得更快。在过去悠闲的孩童时代里，我们握着大把好牌，不必担忧出错牌，因为后面还有大把可以翻盘的机会。可是游戏越是进行到后面我们就会越心焦，因为手里的牌在渐渐减少，而这代表着我们翻盘的机会也越来越少。

每个人都有一个属于自己的时间点，在那个时间点，社会强加在我们身上的所有责任会集中爆发，要找工作，要结婚，要学习如何进入社会，要学会如何面对自己……要在一个很短的时限内完成大量的目标，所以我们就会焦虑。而焦虑，正是催动时间加快的罪魁祸首。

所以问题的根源其实是一颗躁动不安的心。它在闹钟的滴答声中失去了自我，因为任务太多而找不到方向。要拨正那个失速的时钟，最好的办法就是安抚它，宽慰它，让它变回那颗平和冷静的心。

02

我曾见过许多不曾被时间规则改变的人。比如身边那个放弃医学硕士转读历史系的男博士，比如小区那个50岁也依然每天化妆出门看展览的阿姨，比如每天坐在步行河边钓小鱼的老爷爷，比如把房子卖了要住遍城市每一个角落的父亲，再比如那个坚持自己的设计爱好最近突然辞职去做设计师的姑娘……

如果你与他们交谈，就会发现，他们其实不是感受不到时间的压力，而是主观地选择忽略这种压力。他们身上有一种让人平静的洒脱，好似对时间不在乎，却又把一切安排得井井有条。"何必太在意时间？太过在意它只能令你感到心焦，那不会对你有任何好处。把每一天当成千千万万天中最普通的一天，过好今天就行啦。"如果你皱着眉问他们："只看今天，那未来怎么办？"他们大概也只会挠挠头："明天这种事，那就等明天再说吧。"

这或许是一个歪打正着的态度。因为不看未来，就不会为那个时限焦头烂额。因为只想过好今天，反而一步步走得稳重结实，不经意地，就会发现原本每日都担忧能否完成的任务，竟然已经握在手中了。

　　所以时间走得快与慢，在于我们看时间的角度。幼时我们盯着钟表，觉得那规律的滴答声如同一段优美音乐旋律，可年长后，却觉得那是催命的丧钟。为什么那种童年悠闲的心情不见了呢？那种坐在河边看着书等着太阳落山的悠闲心情不见了呢？

　　日子过得悠闲与否，全在于我们手中的选择。与其在匆匆与焦灼中彷徨，还不如劝服自己，即使在最匆匆的日子里，也绝不用匆匆的步履走过。保持一颗从容舒畅的心，而不是背着一颗自我虚构的定时炸弹。